高超声速再入飞行器 IXV 的研制与飞行试验

杨勇　陈洪波　等编著

国防工业出版社

·北京·

内 容 简 介

本书系统介绍和剖析了欧洲高超声速再入飞行器IXV的先进技术方案、设计方法及飞行试验情况,内容涵盖IXV研制背景、总体技术方案、分系统技术方案、关键技术攻关地面试验情况、首次飞行试验情况及飞行结果等内容。

本书对预先研究和工程应用具有重要的参考价值,内容广泛、全面,可供国内工程设计人员参考,也可作为国内高校飞行器设计专业学生的教材。

图书在版编目(CIP)数据

高超声速再入飞行器IXV的研制与飞行试验／杨勇等编著. — 北京:国防工业出版社,2018.11
ISBN 978 - 7 - 118 - 11723 - 3

Ⅰ.①高… Ⅱ.①杨… Ⅲ.①再入飞行器 - 研制②再入飞行器 - 飞行试验 Ⅳ.①V475.9

中国版本图书馆 CIP 数据核字(2018)第 244148 号

※

国防工业出版社出版发行
(北京市海淀区紫竹院南路23号 邮政编码100048)
三河市天利华印刷装订有限公司
新华书店经售
*
开本787×1092 1/16 印张16¼ 字数365千字
2018年11月第1版第1次印刷 印数1—1500册 定价88.00元

前　言

2015 年 2 月 11 日,欧洲高超声速再入飞行器 Intermediate Experimental Vehicle(IXV)首次飞行试验取得圆满成功,此次飞行试验是 21 世纪以来继美国成功完成 X-37B 的三次轨道飞行试验之后,其他国家首次进行针对升力体式轨道再入返回关键技术开展的飞行演示验证试验,此次试验格外引人关注。IXV 作为欧空局未来运载器准备计划(FLPP)的一个技术验证平台,是欧洲探索可重复使用技术的关键一环,也是欧洲发展可重复使用空天飞行器的一次成功验证,使欧洲走出了一条独特的可重复使用发展道路。IXV 飞行试验成功验证了从近地轨道自主再入的最先进技术,具有里程碑式的意义,对欧洲重复使用天地往返空天飞行器研制具有深远影响,同时,对我国重复使用天地往返空天飞行器的研制也具有一定的借鉴性。

本书系统搜集、整理并剖析了 IXV 研制过程中的先进技术方案和设计方法。全书共分 13 章,涵盖 IXV 研制和试验的各个方面,包括总体设计、气动力/热设计、分系统设计、大型地面试验及飞行试验等内容。第 1 章介绍了欧洲可重复使用技术的发展历程,包括欧洲早期重复使用运载器研究项目、欧空局发起的研究计划及技术方案与验证项目、IXV 研制背景;第 2 章为飞行器总体方案,介绍了 IXV 的总体参数与系统组成、任务剖面及全程飞行轨迹、气动布局方案、飞行控制总体方案、总装及运输方案;第 3 章为 IXV 气动力特性,系统介绍了开展的风洞试验和数值计算等气动力设计工作;第 4 章为 IXV 气动热特性,系统介绍了开展的风洞试验和数值计算等气动热设计工作;第 5 章为 IXV 热防护与结构设计,详细地介绍了 IXV 热防护和冷结构方案,包括热防护系统设计思路、总体方案、端头/迎风面/襟翼的热防护设计、主承力结构形式、舵面传动机构设计、器箭分离装置设计等;第 6 章为 IXV 任务管理与飞行控制设计,介绍了 GNC 系统架构、飞行模式以及导航、制导与控制的详细设计方案及仿真验证;第 7 章为 IXV 电气系统方案,介绍了 IXV 电气系统总体方案,包括总体架构、电源/遥测跟踪/数据处理/测量系统设计、襟翼控制子系统以及主要单机的设计等内容;第 8 章为 IXV 热控系统方案,重点介绍了 IXV 针对热控改进方案所开展的飞行器整体结构改进及热控性能、推进系统热控等内容;第 9 章为 IXV 下降与回收系统设计,介绍了 IXV 下降及回收系统的工作流程、系统设计、启动策略以及安装流程;第 10 章为 IXV 地面试验,介绍了 IXV 主要的大型地面试验,包括整器振动试验、器箭分离试验、热防护盖板力学试验、热防护盖板热载荷相关试验和挂飞投放溅落回收试验;第 11 章为 IXV 首次飞行试验,重点介绍了 IXV 详细试验方案、试验结果分析及关键技术验证分析,包括试验目的、试验内容、试验系统组成、任务剖面、首飞飞行时序及飞行试验结果等;第 12 章比较分析了 IXV 和 X-37B 飞行试验,介绍了 X-37B 及其试验概况,对比分析了 IXV 和 X-37B 的主要技术方案,并总结了 IXV 和 X-37B 对重复使用飞行器研制的启示;第 13 章简述了 IXV 的后续发展及欧洲其他重复使用飞行器项目,并总结了欧洲可重复使用技术发展的特点。

本书由中国运载火箭技术研究院杨勇、陈洪波组织编写,并负责全书的统稿工作。参与本书编写的其他人员及分工具体如下:康开华参与了本书第 1 章和第 13 章的编写,黄喜元参与了第 2 章、第 10 章、第 11 章和第 12 章的编写及全书的部分统稿工作,解静参与了本书第 3 章的编写,李小艳参与了本书第 4 章的编写,陈永强参与了第 5 章和第 9 章的编写,孙光参与了第 2 章和第 6 章的编写,陈灿辉参与了第 7 章和第 8 章的编写,陈尚参与了第 10 章的编写,满益明、李永远参与了本书第 2 章的编写。本书在编写过程中得到了各级领导和主管机关的大力支持和指导,朱礼文、穆元良、刘玉林、茹家欣等退休专家为本书的撰写提出了宝贵的意见,在此一并表示衷心的感谢。

由于作者理论和学术水平有限,书中难免有不足和错误之处,恳请读者批评和指正。

2018 年 7 月

目　　录

符号和缩略词说明

AED	AeroDynamic	空气动力学
ATD	AeroThermoDynamic	气动热力学
BRI	Boeing Reusable Insulation	波音公司重复使用防热材料
CCSDS	Consultative Committee for Space Data Systems	空间数据系统咨询委员会
CDR	Critical Design Review	关键设计评审
CFD	Computational Fluid Dynamic	计算流体力学
CFRP	Carbon Fiber Reinforced Polymer/Panel	碳纤维增强复合材料
CIRA	Italian Centre for Aerospace Research	意大利宇航研究中心
CKP	Consolidation Key Point	巩固关键点
CMC	Ceramic Matrix Composite	陶瓷基复合材料
CNES	Centre National dEtudes Spatiales	法国国家空间研究中心
CRI	Conformal Reusable Insulation	共形重复使用防热材料
CSG	Centre Spatiale Guiannese	圭亚那空间中心
C-SiC	Carbon-Silicium Carbide	碳－碳化硅材料
DAU	Data Acquisition Unit	数据采集装置
DDA	Drag Derive Aaltimeter	阻力导出高度计伪测量
DHS	Data Handling Subsystem	数据处理系统
DLR	Deutsches Zentrum für Luft-und Raumfahrt	德国宇航研究中心
DRS	Descent and Recovery System	下降及回收系统
EGSE	Electrical Ground Support Equipment	电气地面支持设备
EIP	Entry Interface Point	再入界面点
EMA	Electro-Mechanical Actuator	机电作动器
EMACU	Electro-Mechanical Actuator Control Unit	机电作动器控制装置
ESA	European Space Agency	欧空局

ESTEC	European Space Research and Technology Centre	欧洲空间研究与技术中心
FADS	Flush AirData System	嵌入式大气数据系统
FEI	Flexible External Insulation	柔性外部隔热毡
FESTIP	Future European Space Transportation Investigation Program	未来欧洲空间运输研究计划
FLPP	Future Launchers Preparatory Programme	未来运载器准备计划
FLTP	Future Launchers Technologies Programme	未来运载器技术计划
FOI	FOrsknings Institut	瑞典国防研究机构
FPCS	FlaPs Control System	襟翼控制子系统
GNC	Guidance Navigation and Control	导航制导与控制
GPS	Global Positioning System	全球导航定位系统
IMU	Inertial Measurement Unit	惯性测量装置
ISV	Innovative Space Vehicle	创新型空间飞行器
IXV	Intermediate eXperimental Vehicle	过渡性试验飞行器
LCC	Launch Control Centre	发射控制中心
LEO	Low Earth Orbit	近地轨道
LNA	Low Noise Amplifier	低噪声放大器
MCC	Mission Control Centre	任务控制中心
MVM	Mission and Vehicle Management	任务与飞行器管理
NGL	Next Generation Launcher	下一代运载器
NLR	Netherlands National Aerospace Laboratory	荷兰国家航空航天实验室
OBC	On Board Computer	器载计算机
ONERA	Office National dEtudes et de Recherches Aérospatiales	法国宇航研究中心
PDR	Preliminary Design Review	初步设计评审
PFM	Proto Flight Model	飞行样机模型
POW	Power Subsystem	电源系统
PPDU	Power Protection and Distribution Unit	电源保护和分配装置

PRIDE	Program for Reusable In-Orbit Demonstrator	欧洲的重复使用轨道验证器计划
QEG	Quasi Equilibrium Glide	准平衡滑翔
RCS	Reaction Control System	反作用控制系统
RTC	Radio Frequency Telemetry and Tracking	遥测跟踪系统
SPFI	Surface Protected Flexible Insulation	表面柔性隔热毡
SRR	System Requirements Review	系统要求评审
TM	Telemetry	遥测
TPS	Thermal Protection System	热防护系统
TSTO	Two Stage To Orbit	两级入轨
WTT	Wind Tunnel Tests	风洞试验

第1章 欧洲可重复使用运载器技术的发展历程

航天运载器的重复使用是人类一直追求的目标,通过运载器硬件的多次重复使用,能像飞机那样进行常规操作,实现低成本、高可靠和高效率地进出空间。欧洲高度重视重复使用运载器的研制,早在 20 世纪 70 年代就针对可重复使用天地往返运输系统开展了研究工作。1984 年,英国航天部门提出了"霍托尔"(HOTOL)水平起飞的单级入轨可重复使用运载器方案,该方案采用一种新型的吸气式火箭发动机,它通过燃烧压缩空气而不是液氧,能够达到马赫数为 5 的飞行速度。1984 年法国政府批准了一项利用阿里安 5 火箭发射使神号小型航天飞机的计划,并向欧空局(ESA)建议作为欧洲空间计划的一部分。1985 年联邦德国提出了森格尔两级空天飞机的方案设想,并于 1987 年作为联邦德国的国家计划开始进行研究。然而这些计划均因预算、技术和研制周期等问题而被迫中止。但这并未动摇欧洲对可重复使用运载器继续开展研究的决心。

从 20 世纪 90 年代开始,欧洲在整个欧空局层面上又相继开展的涉及可重复使用运载器研究的计划包括:未来欧洲空间运输研究计划(FESTIP,1994—1998 年)、未来运载器技术计划(FLTP,1999—2001 年)和未来运载器准备计划(FLPP,2003—至今)。2015 年,欧洲成功地利用新研制的织女星(Vega)运载火箭发射 IXV 进行演示验证飞行试验,标志着欧洲在重复使用运载器、高超声速再入技术领域取得了重大突破性进展,为今后继续开展重复使用运载器的研制打下了坚实的基础。

1.1 欧洲早期的重复使用运载器研究项目

1984 年 4 月 12 日,哥伦比亚号航天飞机成功首飞。掀起了一轮重复使用运载器研制热潮,世界各航天强国也纷纷开启本国重复使用运载器的研制项目,欧洲典型的项目有使神号和森格尔。

1.1.1 使神号

使神号(Hermes)空间运载器是欧空局研制的一种往返于空间和地面的可重复使用带翼载人飞行器(图 1-1),由使神号空间飞机和资源舱组成。使神号计划由阿里安 5 运载火箭助推,垂直起飞送入运行轨道,完成轨道作业后再入大气层,返回地面水平着陆。

1976 年法国国家空间研究中心(CNES)在研究发展阿里安 5 运载火箭的同时提出了与其配套的载人航天器任务。1977 年法国宇航工业公司按照法国国家空间研究中心提出的任务,对可重复使用的有翼高超声速滑翔机和一次性使用的弹道式再入飞行器方案进行了研究对比。1979 年 6 月法国国家空间研究中心首次在巴黎航空博览会上介绍了由阿里安 5 发射的小型航天飞机计划。随后由法国宇航工业公司承担了为期 2 年的预研

图 1-1　使神号空间运载器

工作。1983 年法国国家空间研究中心选定高超声速滑翔机作为载人运载器并将它命名为使神号。1984 年 3 月提出预研工作任务书。当年,法国政府批准了使神号计划,并向欧空局建议将阿里安 5/使神号作为欧洲空间计划的一部分。1985 年 1 月欧空局罗马会议决定,欧洲建立独立的载人/运货天地往返运输系统,并委托法国联络欧洲各国实现使神号欧洲化。1986 年 3 月法国向欧空局提交了使神号的欧洲化方案,并于当年被欧空局采纳,正式开始使神号计划。原定计划分两步进行:1986 年 7 月到 1988 年 3 月为预备阶段,1988 年 4 月到 1999 年为研制阶段,1999 年进行首次载人飞行。1991 年 11 月欧空局慕尼黑会议决定将使神号计划改为 3 步进行。第 1 步研制 X-2000 无人试验机,掌握发射、高超声速再入和着陆技术,试验机于 2000 年首飞;第 2 步获得载人运输能力;第 3 步掌握在轨(载人)服务技术。试验机外形和尺寸与使神号完全相同。但因预算和技术问题使神号计划已被迫停止。

1.1.2　森格尔

森格尔是联邦德国研究的一种两级空天飞机,作为一种水平起降与完全重复使用的空天飞机,其研制目的是将运输单位有效载荷所需要的费用降低 1 个数量级。联邦德国在充分考虑了需要与可能之后,提出了技术风险较小、比较现实可行的两级入轨的森格尔空天飞机方案。

1985 年,梅塞施米特·伯尔科·布洛姆有限公司提出了森格尔空天飞机方案设想,并开始进行研究,并于 1986 年春对外公开。1987 年联邦德国的研究与技术部把森格尔正式纳入国家计划,开始执行以森格尔空天飞机为核心的国家高超声速技术计划。在1987 年总体方案研究的基础上,研究与技术部决定从 1988 年开始分 3 个阶段进行森格尔运输系统的全面研究工作。

第 1 阶段(1988 年—1992 年):

进行技术方案的深入论证。要对整个运输系统的技术方案进行细致的论证,特别要对四大关键技术(推进、气动热力学、材料/结构和飞行制导系统)进行深入的研究。

第 2 阶段(1993 年—1999 年):

验证性试验样机的研制与初步试验阶段。此阶段的主要任务是研制缩比样机并完成样机的飞行验证。

2

第 3 阶段(原定 2000 年—2005 年或 2006 年):

全欧合作研究阶段。此阶段的主要任务是进一步发展所需要的技术并且开始研制全尺寸动力装置。

但该项目也终因预算和技术问题而被迫停止。

1.2 欧空局的相关研究计划与技术方案

1.2.1 研究计划

在经历了早期重复使用运载器研制项目的连续失利,欧洲充分认识到研制重复使用运载器技术难度大、风险高,在短时间内实现完全重复使用甚至单级入轨的目标是不现实的,必须整合全欧洲的技术力量,采取循序渐进的发展途径。欧空局先后发起并执行了未来欧洲空间运输研究计划、未来运载器技术计划和未来运载器准备计划稳步推进重复使用运载器的研制进程。

1. 未来欧洲空间运输研究计划(FESTIP,1994 年—1998 年)

1)背景

欧空局在上世纪 80 年代就认识到要维护未来欧洲的商业利益和军事安全格局,有必要研究重复使用运载器技术,并协调各成员国的行动,对各种重复使用运载器方案进行了研究,1994 年起,欧空局及各成员国的 30 多家承包商共同开展了未来欧洲空间运输研究计划(FESTIP)。

2)目标

FESTIP 计划的目的是证明重复使用是否成为未来天地往返运输系统的一种较好的解决途径,并确定欧空局到 2005 年能够达到的技术水平。FESTIP 计划试图确定出一种适合欧空局的完全重复使用或部分重复使用运载器方案,该方案在技术上应是可行的、在经济上是可承受的。

FESTIP 计划的基本目标是:

(1)确定在近期哪一种运载器系统方案对欧洲是技术可行的;

(2)分析这些运载器在商业上是否具有吸引力,预估它们的研制费用;

(3)确定欧洲要发展哪些技术才能为研制这些运载器铺平道路;

(4)对未来运载器方案普遍需要的技术,如结构、材料、空气动力学、推进系统和热管理,提前开始研究。

3)组成

FESTIP 计划由系统方案研究和技术研究两部分组成。

系统方案研究从事详细的、探索性的研究,以证明可重复使用是否是进入空间的有效解决方式,提出哪些是需要研制的技术,以确保将来研制可重复使用运载器时具有所需的技术储备。系统方案研究对各种相关的系统方案进行了调研和评估,这些方案都是从各国公布的研究方案中选择出来的。同时,这些方案根据 FESTIP 的要求做了适应性修改,使所有设计方案都遵循相同的设计要求和准则,确保各种方案的研究具有可比性。系统方案研究的内容包括运载器的初步设计,覆盖了运载器性能、所需技术、操作等所有问题。

在确定了所需技术后,制定了一个综合的技术研制和验证计划,并对要进行飞行试验和技术验证的各种试验运载器进行了调研。

技术研究在以下 5 个相关领域内开展可重复使用运载器关键技术预研。它们是:

(1) 气动热;

(2) 材料;

(3) 结构;

(4) 推进;

(5) 防热。

这 5 个方面的技术研究都包括实验室预先研究工作和硬件研制工作,如金属和复合材料贮箱壁试验样件,各种防热材料、结构和绝热层等。

4) 研究成果

FESTIP 计划在可重复使用运载器的方案、技术以及发展规划上作出了大量的研究,使得欧洲达成了一致意见,并开展了进一步的工作促进研制新一代运载器所需的各项技术走向成熟。

FESTIP 计划的一个任务就是对世界范围内研究的各种重复使用运载器方案进行比较,包括系统方案研究和气动热、材料、结构、推进、防热 5 个相关技术领域的技术研究。该计划共提出了 18 个概念设计方案。通过研究认为欧洲在技术上相对可行并具有潜在商业竞争力的运载器有 2 个方案,推荐在 FLTP 计划中作进一步分析研究:重复使用两级入轨方案和亚轨道 Hopper 方案。

2. 未来运载器技术计划(FLTP,1999 年—2001 年)

1) 背景

FESTIP 计划在 1998 年底结束,随后由 FLTP 计划继续 FESTIP 计划的工作,主要任务是选择和确定重复使用运载器系统方案,研制和验证新一代欧洲运载器所需的技术,通过相关的飞行试验来验证可重复使用运载器的关键技术,这些构成了 FLTP 计划的核心。没有参加 FESTIP 计划的法国,在 FLTP 计划中的投资却高达 50% 左右。另外,英国计划出资 5% ~15% ,意大利出资 15% ~18% ,比利时出资 6% ~8% ,荷兰出资 4% ~6% ,西班牙出资 5% ~6% ,德国至少出资 3% ~5% 。2001 年春,欧空局局长组建了一个内部工作组,针对重复使用航天运输系统,制定了一个欧洲的总体发展设想。这个工作组提出将欧空局和欧洲国家的重复使用运载器的相关研究整合起来,并制定出国际合作计划。与此同时,由于 FLTP 计划的研究工作与工作组开展的研究工作非常相似,因而欧空局于同年中止了 FLTP 计划。

2) 目标

FLTP 计划的目标是:

(1) 确认运载器可重复使用性的优势;

(2) 鉴别、开发和评估新一代低成本运载器研制所需的技术;

(3) 制定地面和飞行试验与验证计划,要求在运载器研制阶段和进一步验证试验之前达到足够的置信度;

(4) 通过分析备选的可重复使用运载器方案和技术研究项目的综合,为欧洲启动下一代运载器研究计划的决策提供依据。

3）研究工作

FLTP 计划将大部分研究工作放到了技术研制上,特别是重点放在了推进技术、大型运载器结构和可重复使用性,如健康监控、检查等方面上。

在运载器方案选择方面,重点确定基准体系结构和未来商业操作运载器的系统方案:

（1）选定运载器所执行的任务范围,并预先设计出几个方案的基本构形;

（2）确定满足方案可行性的技术要求;

（3）系统体系结构的优化,重点放在操作性和可重复使用性的评估上;

（4）成本评估,包括技术开发成本、运载器研制成本和维护操作成本;

（5）对于潜在的未来运载器研制,评估技术成熟度并确定计划特征。

3. 未来运载器准备计划(FLPP,2003 年至今)

1）背景

2003 年 5 月,欧空局在部长级会议上通过了启动欧洲未来运载器准备计划(FLPP),并于 2004 年 2 月开展该计划的研究工作,该计划是一项在欧洲层面上的、专门用于研究欧洲下一代运载器(NGL)的计划,欧空局将 FLPP 计划设计成能够增强欧洲工业界创新技术的竞争力,并且促进欧洲在运载器领域内的发展,以确保欧洲未来能够安全地进入空间。发射系统方案的选择基本上是在先进的一次性使用运载器和完全或部分重复使用运载器之间进行。最终,欧洲将基于发射成本的比较和市场需求,确定选择哪种发射系统方案。对于欧洲而言,无论是现在还是未来,其对运载器最基本的要求便是维持欧洲可独立地,以可负担得起的费用进入空间的能力。该计划为欧洲决策下一代发射系统做准备,能够满足未来的需要,同时还将保持欧洲在商业发射市场的竞争力。

2）FLPP 计划的目标

FLPP 计划最初设定的目标是为欧洲研制能在 2020 年左右执行发射任务的下一代运载器做准备。随着计划的进展,当前计划的目标修订为确保并增强欧洲未来独立进入空间的能力。

3）FLPP 计划主要研究领域

（1）运载器:FLPP 计划将研制不同的运载器系统方案,并确定所需要的可行的技术。该项研究工作将作为制定欧洲下一代运载器特征和设计的重要决策基础。

（2）过渡性试验飞行器(IXV):该试验飞行器将针对多种航天应用的关键再入系统和技术进行飞行验证,涉及未来运载器和载人运输。IXV 的首飞计划在 2013 年进行,但欧洲将其推迟至 2015 年 2 月,并成功进行了首飞试验。

通过从地面到飞行试验,逐步提升关键技术的技术成熟度。执行试验件、工程样机技术验证机的设计、分析、制造和试验,作为全面开展综合演示验证之前的过渡,计划的验证项目如下。

（1）大推力发动机验证机:该验证机的目标是在分系统级和系统级层面上实现创新型液氢/甲烷分级燃烧技术的逐步集成,并增强其性能。

（2）固体发动机验证机:该验证机包括一个灵活的平台以执行不同推进剂类型的发动机热试车、推进剂加注,以及压力振荡现象的研究。

（3）低温上面级技术:目的是通过地面和飞行试验,主要是关于发动机重新点火并满足长时间滑翔段的要求,使技术变得更加成熟。

（4）结构和材料：下一代运载器研制过程中所面临众多技术挑战，结构和材料项目研制的目标是降低结构质量，格外关注低温燃料的控制和热防护系统。正在开展的技术验证项目将使新的材料和结构变得成熟，并实现结构材料项目的研制目标。

4）目前取得的成果

迄今为止，FLPP 计划中取得的重要成果之一便是成功地进行了过渡性试验飞行器的首飞试验。

1.2.2 典型技术方案与验证项目

欧洲在重复使用运载器的研制过程中曾因追求方案和技术的先进性而导致计划拖延、方案废弃、资金浪费的后果，如早期的"霍托尔""森格尔"方案等。欧洲逐渐认识到重复使用运载器的总体发展目标必须与关键技术的发展水平相适应。目标制定得太高，指标太先进就会增加关键技术的难度和数量，也难以降低成本和提高可靠性，并且直接影响目标的可实现性。应采用循序渐进的发展模式，积累技术成果，由相对简单的方案起步，进而再研制更为先进的重复使用运载器。此外，还应该首先研制验证飞行器，并开展飞行演示验证，为将来研制重复使用运载器做好准备。

1. 典型技术方案

在 FLPP 计划框架下，欧空局对 4 种选定的重复使用运载器备选方案进行了深入的分析研究。

1）亚轨道 Hopper 方案

亚轨道 Hopper 飞行器是一架可重复使用的亚轨道单级飞行器，最初是由德国宇航研究中心（DLR）在开展先进系统及技术研制计划的基础上提出的，飞行器的整体结构基于气动外形结构，内部有 1 个大型液氢贮箱、3 个液氧贮箱和 1 个内部货舱。货物从飞行器的后部释放，利用一个低温上面级将有效载荷送入目标轨道。Hopper 飞行器方案独有的特点是：

（1）由轨道导引的撬板进行水平发射（见图 1-2）；

（2）异地靶场着陆；

（3）采用超低温推进剂。

图 1-2　亚轨道 Hopper 方案及其发射布局

Hopper 飞行器的 GTO 运载能力为 7.15t，不能满足 FLPP 计划的要求（GTO 运载能力达到 5t，如果执行商业发射 GTO 运载能力要达到 8t）。而且，使用超低温液氢推进剂也不符合关键技术的技术成熟度要求。在 FLPP 计划的第一阶段中，首先对 1 架增加了有效载荷运载能力，且不需要对液氢推进剂进行低温冷却处理的亚轨道飞行器的改进型进行了初步评审。

2）重复使用两级入轨（TSTO）方案

重复使用两级入轨飞行器由一枚助推器和一架轨道器组成，采用腹－腹式或背驮式连接结构。飞行器采用承重贮箱结构，有效载荷整流罩安装在轨道器顶端（见图1－3），内部安装有上面级和有效载荷。重复使用两级入轨飞行器方案的特点是：

（1）使用液氢/液氧作为助推器和轨道器的推进剂；

（2）在上升段，轨道器和助推器的发动机同时工作，采用推进剂交叉输送技术。

与亚轨道单级飞行器相同，重复使用两级入轨飞行器的运载能力也不能满足FLPP计划的要求，但在第一阶段中对一个改进的重复使用两级入轨方案进行了调研。

3）部分重复使用的RFS方案

法国国家空间研究中心对高马赫数飞行条件下可进行级间分离的部分重复使用运载器RFS方案进行了研究。RFS方案是一个二级飞行器串联布局方案，一次性使用低温上面级和有效载荷整流罩安装在可重复使用助推级的顶部（见图1－4）。级间分离条件为：飞行马赫数约13，飞行高度约60 km，这种条件对于飞行器的飞回航程和承受的再入载荷都提出了很高的要求。

图1－3　TSTO方案

图1－4　RFS方案

还有另一种方案，即在马赫数为9时执行级间分离，这种RFS方案有可能解决上述问题，在FLPP中对RFS方案进行改进。

4）部分重复使用的LFBB方案

部分重复使用的LFBB方案是基于阿里安5火箭的结构，利用2枚可重复使用的助推器取代固体助推器（见图1－5）。德国航天局的LFBB和法国航天局的Bargouzin是这种类型方案的2个主要代表。

德国的LFBB方案是基于使用液氢/液氧推进剂的助推器，具有如下特点：

（1）采用超低温推进剂；

（2）发动机采用分流控制装置以改进运载器的性能。

在FLPP中，对一个需要满足更高技术要求的LFBB方案进行分析。该方案的特点是：不需要采用超低温氢燃料、发动机不再需要安装分流控制装置、利用低成本芯级取代

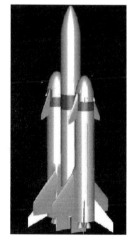

图1－5　德国航天局的
LFBB方案

阿里安5火箭的芯级。

2. 典型的飞行演示验证项目

为开展重复使用运载器的研究,欧洲研制了5种飞行验证机来检验总体方案和关键技术。研制无动力实验再入试验机(EXPERT)以研究再入气动热力学;研制IXV,针对一个采用升力体构形的飞行器,验证其高超声速的无动力机动再入飞行的能力;研制凤凰1号飞行器以验证飞行器低速进场与着陆的能力;研制SCORATES(凤凰2号)飞行器以验证重复使用运载器的重复使用性、研究操作程序、基准成本和返场时间;研制USV以验证确保应用于未来重复使用运载器的技术,增强人们对关于大气再入、高超声速飞行和系统重复使用性等技术的理解。随着研究工作的深入,欧空局逐步将研究重点集中在EXPERT和IXV项目上。特别是在EXPERT被迫推迟飞行试验后,欧空局集中各方资源,全力开展IXV项目的研制,期望以此项目为突破口,加速推进重复使用运载器关键技术的研制进程。

1) 凤凰1号项目

为了能够研制自主的重复使用系统,德国在先进系统与技术研制计划下投资研制了凤凰1号飞行器(图1-6)。凤凰1号飞行器构型源自Hopper方案,该计划的目标是验证重复使用运载器,以及在相对低速飞行条件下进行自主进场与着陆。

关键目标包括:

(1) 验证自由着陆。

(2) 开发用于未来RLV设计的数据库。

(3) 积累重复使用操作的专门技术。

(4) 逐渐扩展进场与着陆包线。

(5) 改变飞行器质心、翼载和着陆速度。

2) SOCRATES项目

SOCRATES计划的目标是设计、制造一架以火箭发动机为动力的飞行器并对其进行试飞,以验证重复使用运载器的重复使用性、操作程序、基准成本和返场时间。该飞行器还能够作为飞行试验平台对选定的关键技术进行测试,图1-7示出了SOCRATES飞行器。SOCRATES吸取了凤凰1号飞行器在进场和着陆方面的研制经验。

图1-6 凤凰-1飞行器

图1-7 SOCRATES飞行器

SOCRATES项目的关键目标:

(1) 验证RLV的主要任务阶段。

• 自主起飞

- 动力上升
- 能量管理下的滑行返回
- 进场与着陆

（2）验证 20 ~ 30 次飞行的重复使用操作。

（3）验证中止操作的能力。

（4）利用缩比样机验证 RLV 关键技术。

（5）验证操作返场时间和费用模型。

3）PRORA-USV 项目

PRORA-USV 飞行器计划是意大利国家航空航天研究计划（PRORA）中的主计划,目标是研制并验证未来下一代重复使用运载器的关键技术,并将在大气再入、高超声速飞行和系统重复使用性等技术领域内开展研究。PRORA-USV 飞行器计划分为两部分:①开展关键技术攻关;②将设计、制造并试飞 3 架飞行试验机（FTB）。飞行试验机将通过气球运载或火箭送到期望的试验条件中,要完成 4 项基本任务:跨声速减速飞行试验（DTFT）、亚轨道再入试验（SRT）、高超声速飞行试验（HFT）和轨道再入试验（ORT）。还有 2 个辅助性任务是:初始评定试验（DTFT-0);利用改进的飞行器进行二次高超声速飞行试验,以验证液体火箭推进技术。飞行试验机为一带翼再入飞行器,其布局见图 1 - 8。

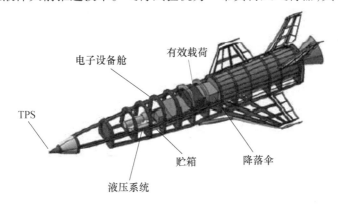

图 1 - 8　USV FTB 样机布局方案

4）EXPERT 项目

2004 年欧空局决定研制一种新型飞行器—EXPERT（如图 1 - 9 所示),收集可靠、完整的再入数据。EXPERT 项目对于提升欧洲再入技术和能力方面具有里程碑的意义,将为欧洲未来开展载货与载人航天运输、重复使用运载器的研制,以及科学探索任务提供强有力的技术支撑。项目的主要目标是:研制一架试验机,在典型飞行环境中验证气动热力学模型和地面试验设备等,以加深对相关飞行分析、试验和推测问题的理解,并为科研团体提供高超声速飞行期间气动热力学现象的高质量数据,为工业部门提供制造再入飞行器和研制高超声速测量仪器设备的系统经验。

图 1 - 9　EXPERT 飞行器

EXPERT 飞行器的有效载荷已经成功地通过了发射环境和再入条件的考核。飞行器的设计工作已经完成,并在 2009

年成功地通过了关键设计评审,欧空局原计划于 2012 年进行 EXPERT 的首飞试验,但由于俄罗斯终止波浪号运载火箭的租借导致首飞被迫推迟。目前欧空局正积极寻找其他运载器。

5) IXV 项目

2000 年以来,欧洲研制了数架用于研究再入技术的试验飞行器,包括法国、德国、意大利和欧空局在内,均强调欧洲需要拥有再入系统和技术的相关飞行经验,巩固其在未来空间运输领域开展国际合作的地位和角色。

图 1 - 10　欧洲过渡性
试验飞行器(IXV)

2004 年,欧空局各成员国共同策划未来运载器准备计划框架。IXV(如图 1 - 10 所示)作为该计划中的一个技术验证平台,要求在一体化的系统级层面上,通过飞行试验来验证关键技术性能。2005 年,欧空局各成员国在与工业界进行方案的权衡比较后,确定 IXV 为升力体布局,并由欧洲研制的 Vega 小型运载火箭发射。

IXV 继承了欧空局大气再入试验飞行器(AREV)和法国国家空间研究中心研究多年的 Pre-X 重复使用大气再入飞行器概念研究的试验,以及 1998 年成功飞行的大气再入验证机(ARD)的研制经验。

参考文献

[1] 王振国,罗世彬,吴建军. 可重复使用运载器进展研究. 长沙:国防科技大学出版社,2004.

[2] 康开华,才满瑞. 欧洲下一代运载器研制计划. 导弹与航天运载技术,2008(4).

[3] 康开华,才满瑞. 欧洲过渡性实验飞行器项目. 导弹与航天运载技术,2012(4).

[4] Hirschel E H, Kuczera H. The FESTIP technology development and verification plan. AIAA - 98 - 1567.

[5] Pfeffer H. The actions of the European Space Agency to prepare for future space transportation systems-The FESTIP Programme. AIAA - 92 - 5003.

[6] Dujarric C, Sacher P W, Kuczera H. FESTIP system study - an overview. 7th AIAA International Space Planes and Hypersonic Systems and Technologies Conference, Norfolk, VA, Nov. 18 - 22, 1996.

[7] Spies J, Kuczera H. The sub-orbital Hopper-one of FESTIP's preferred concepts. AIAA - 99 - 4945.

[8] Spies J. RLV Hopper: consolidated system concept. IAC - 02 - V. 4. 02.

[9] Immich H. FESTIP technology developments in liquid rocket propulsion for reusable launch vehicles. AIAA 96 - 3113.

[10] Tomatis C, Bouaziz L, Franck T, et al. RLV candidates for European Future Launchers Preparatory Programme. Acta Astronautica, 65: 40 - 46, 2009.

[11] Deneu F, Roenneke A, Spies J. Candidate concepts for a European RLV. IAC - 03 - V. 4. 04.

[12] Guedron S, Prel Y, Bonnal C, et al. RLV concepts and experimental vehicle system studies: current status. IAC - 03 - V. 6. 05.

[13] Bonnal C, Caporicci M. Future reusable launch vehicles in Europe: the FLTP (Future Launchers Technologies Programme). Acta Astronautica, 47: 113 - 118, 2000.

[14] Bonnal C, Caporicci M. The Future Launchers Technologies Program status of the FLTP. IAF - 00 - V. 4. 2.

[15] Tumino G, Kauffmann J, Ackermann J. FLPP In-flight experimentation strategy for NGL critical technologies. AIAA 2005 - 3251.

［16］ Kauffmann J. Future European launch systems in the FLPP-overview and objectives. IAC – 06 – D2. 4. 05.

［17］ Ackermann J, Kauffmann J, Ramusat G, et al. The road to the Next-Generation European Launcher-an overview of the FLPP. ESA bulletin 123, august 2005.

［18］ Sippel M, Herbertz A. Reusable booster stages: A potential concept for future European launchers. AIAA 2005 – 3242.

［19］ Tarfeld F. Experimental studies on a liquid fly-back-booster configuration (LFBB) in wind tunnels. AIAA 2003 – 7056.

［20］ Roenneke A, Moulin J, Chavagnac C. Overview of European RLV demonstrator vehicles. IAC – 03 – V. 6. 03.

第2章　IXV 总体方案

2.1　研制背景概述

IXV 是欧洲 FLPP 计划确定的过渡性试验飞行器,旨在为欧洲未来的自主大气再入飞行器开发和演示验证相关技术与系统。其设计初衷是作为一个技术平台,在典型近地轨道再入环境下,验证关键的再入技术,并用于多种航天应用,如航天运输和空间探索等。

2004 年,为增强欧洲工业界创新技术的竞争力,促进欧洲在运载器领域的发展,确保欧洲未来能够安全地进入空间,欧空局各成员国共同制定了欧洲 FLPP 框架。在此框架下,欧洲将发展先进的一次性使用运载器和完全或部分重复使用运载器。在重复使用运载器方面,重复使用大气再入技术被视为未来广泛开展空间应用的基础,受到了欧洲的高度重视。

2005 年,欧洲对现有的欧空局和各国重复使用飞行器方案进行了彻底的比较研究和权衡,包括法国航天局主导的 Pre-X 飞行器、欧空局主导的 AREV 大气再入试验飞行器、德国主导的 Phoenix 飞行器以及意大利航天局主导的 PRORA-USV 飞行器。考虑相关研究具有一定的共性,使得欧空局决定在统一的 FLPP 框架下,将 IXV 列为一个单独执行的项目,满足欧洲对再入技术的要求。

IXV 项目的主要目标是通过飞行试验验证所有从近地轨道自主再入的关键技术:首先,作为系统验证飞行器执行再入任务,涵盖所有项目阶段,从需求分析到设计、制造、总装,直到飞行。其次,提供一个验证飞行关键再入技术性能的机会,采集宝贵的气动力和气动热力学数据,以及通过特定的飞行器模型辨识获取飞行动力学数据。

具体的试验目标包括三个方面:

1) 再入系统验证

IXV 是欧洲第 1 架基于系统级一体化设计的升力体再入飞行器,通过近地轨道再入飞行试验积累研制一体化升力式再入飞行器和气动控制再入飞行的经验。

2) 再入技术试验

在典型的飞行环境中,基于前期开展的研究工作和地面验证,验证系统集成的先进防热系统和热结构性能,包括先进的陶瓷组件、烧蚀材料、隔热层、粘贴件、连接件和密封件,一体化集成的先进制导、导航与控制技术、RCS/气动舵面复合控制技术等,目标是使相关技术进一步成熟,提高技术的成熟度等级。

3）再入飞行特性验证

收集典型再入飞行性能数据,用于研究气动热现象及验证系统设计工具,建立大气再入气动力/热数据库,并评估高超声速再入飞行过程中飞行器周围的大气特性。

2.2 IXV 构型演变

2005 年到 2006 年期间,通过对欧空局和各国提出的概念构型方案进行系统地比较与权衡,IXV 最终确定采用与法国航天局 Pre-X 飞行器有很多共性的升力体构型作为 IXV 开展飞行演示的气动构型。

2007 年,欧空局完成 IXV 的系统要求评审(SRR),并冻结了 IXV 任务与系统研究的关键特性,确定了 A 阶段的飞行器构型总体方案。

2008 年,IXV 项目成功地完成了 B 阶段的系统初步设计工作,并在同年 11 月召开的欧空局部长级会议上,欧空局同意 IXV 项目进入详细设计与研制的 C 阶段,项目主承包商由 NGL Prime SpA 替换为意大利的阿莱尼亚航天公司。

2009 年和 2010 年,针对欧空局部长级会议实施带来的重大变化,项目团队对 IXV 的设计基线进行了优化,包括 GNC 及软件、电气设备、测量传感器、冷热复合材料结构、热防护与热控等。

2011 年 5 月,IXV 项目通过了系统关键设计评审(CDR),进入到 D 阶段制造、组装、集成和测试阶段。

IXV 气动布局构型的特征是紧凑的舱体、圆形头部、圆形边缘机身横截面、平底迎风面以及两个带有倾斜铰链线的襟翼,构型演变如图 2 – 1 所示,飞行器整体长、宽、高等外形尺寸在各研制阶段并无明显变化,出于气动力学研究的目的,为了在气动外形的复杂性和预期的气动特性改进之间获得较好的平衡,先后对气动外形进行了多轮局部修形及方案细化。

图 2 – 1　IXV 构型演变

IXV 的最终构型如图 2 – 2 所示。

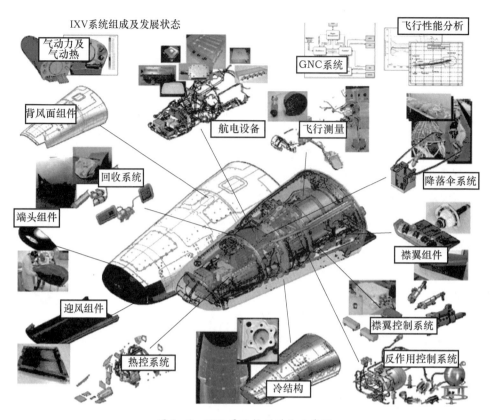

图 2 - 2　IXV 最终构型总体方案图

2.3　总体参数与系统组成

IXV 全长约 5.058m,不含襟翼长度约 4.4m、宽约 2.24m、高 1.54m、质量约 1.9t,襟翼长约 0.66m、宽约 0.66m,如图 2 - 3 所示。

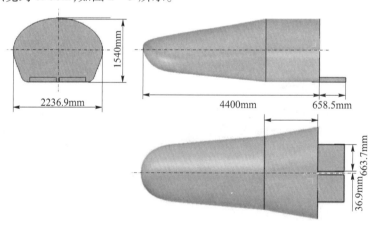

图 2 - 3　IXV 外形参数

IXV 主要包括飞行测量、GNC 及软件、冷结构、热防护与热控、电气设备、反作用控制和襟翼控制、下降与回收，以及装配、总装、测试与地面支持设备等系统。各系统主要组成见表 2-1。

表 2-1　各系统主要组成

序号	分系统	主要组成
1	飞行测量	包括 300 多个测量传感器，分为普通传感器(37 个压力测点、194 个热电偶、12 个位移传感器、48 个应力测量装置)和先进传感器(红外摄像装置等)
2	GNC 及软件	包含任务及飞行控制管理软件、导航制导控制软件以及嵌入在设备中的相关软件等
3	冷结构	主要包含框(横向构件)、桁(纵向构件)、口盖及壁板等主要和次要结构部件等
4	热防护与热控	包括机端头、迎风面、背风面、襟翼及热控组件和装置等
5	电气设备	由电源、数据处理、遥测跟踪三个子系统构成
6	反作用控制和襟翼控制	包括反作用控制子系统、襟翼控制子系统、襟翼作动器等
7	下降与回收	包括降落伞组件、漂浮设备、火工品、下降回收机械装置和分离机械装置等
8	装配、总装、测试与地面支持设备	包括装配、总装、测试等使用的相关地面设备

2.4　任务剖面及全程飞行轨迹

2.4.1　任务剖面

IXV 由欧洲 Vega 运载火箭罩内发射，发射场为法属圭亚那的库鲁发射场。IXV 任务剖面如图 2-4 所示，具体运行过程如下：

(1) IXV 搭乘 Vega 火箭从库鲁航天中心升空，约 18min 后与 Vega 上面级分离，进入目标轨道；

(2) IXV 与运载火箭分离后，开始惯性滑行飞行；

(3) 约 46min 后，IXV 到达大气层边界 120km 高度的再入点，以 7500m/s 的飞行速度开始再入飞行；

(4) 在沿预定轨迹飞行 6981km，约 20min 后，IXV 将进入降落回收段，通过减速伞减速后，降落在预定水域并回收。

2.4.2　全程飞行轨迹

图 2-4 中，IXV 全程飞行轨迹包括发射上升、亚轨道飞行、再入飞行以及下降回收四部分，各段命令及定义如下。

(1) 发射上升段：从 Vega 运载火箭起飞到 IXV 与火箭分离；

(2) 亚轨道飞行段：从 IXV 与火箭分离到 120km 高度再入点；

(3) 再入飞行段：从 120km 高度再入点到超声速降落伞打开；

(4) 下降回收段：从超声速降落伞打开到 IXV 溅落于海面。

依据飞行任务剖面，IXV 最大飞行高度约为 412km，再入飞行初始高度为 120km，是

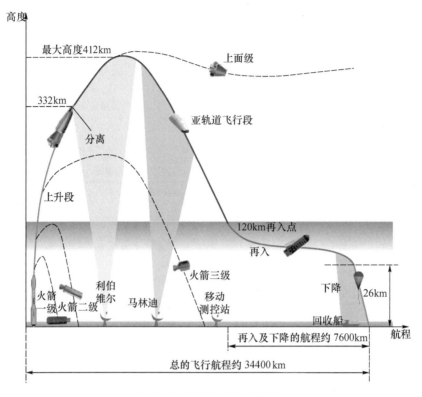

图 2-4 IXV 典型任务剖面

一种典型的 LEO 返回任务。全程飞行轨迹设计需要满足四方面要求:

(1) 再入飞行剖面精确满足再入环境和试验目的;

(2) 避免 IXV 经过人口密集居住区域上空(溅落在太平洋上);

(3) 飞行轨迹应满足 Vega 运载火箭性能和助推级落区要求;

(4) 飞行任务期间,地面测控站对 IXV 可观测。

IXV 标称飞行轨迹见图 2-5,星下点轨迹、高度马赫数变化曲线如图 2-6 和图 2-7 所示,特征点参数见表 2-2。

表 2-2 特征点参数

序号	特征点	参数
1	器箭分离	运载火箭起飞后约 18min,高度约 332km
2	最大飞行高度	约 412km
3	120km 再入点	飞行速度 7500m/s,航迹角 -1.2°
4	黑障区	高速 40km ~ 90km
5	超声速减速伞开伞	高度 26km,速度为马赫数 1.6
6	亚声速减速伞开伞	高度 10km,速度为马赫数 0.3
7	主降落伞开伞	高度 3.2km

16

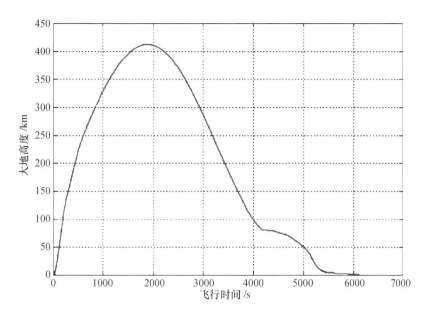

图 2 - 5　IXV 标称飞行轨迹

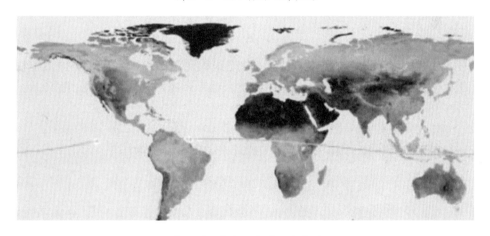

图 2 - 6　全程飞行星下点轨迹

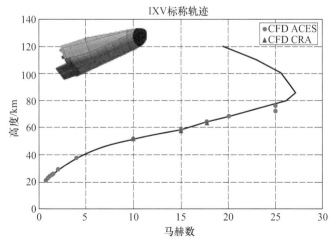

图 2 - 7　IXV 标称轨迹飞行高度随马赫数变化曲线

2.4.3 再入走廊设计

再入走廊是轨道再入飞行器安全返回所必需满足的各种约束条件的交集。不同飞行器有不同的再入走廊,并且可以采用不同表述形式来描述,例如航天飞机采用阻力加速度 – 速度(D – V)剖面描述再入走廊,X-33、X-38 等重复使用运载器采用阻力加速度 – 能量(D – E)进行描述再入走廊。目前,国内外的大多数研究都采用由驻点热流、法向过载、动压以及平衡滑翔约束边界组成的再入走廊。

再入走廊设计时应充分考虑四方面因素:

(1) 高超声速气动加热对热防护系统的影响;

(2) 动压对飞行器控制系统和侧向稳定性的要求;

(3) 过载对飞行器结构、乘员(载人飞行器)的影响;

(4) 飞行器应具有充分的机动能力,以满足制导控制系统的要求。

以上因素在再入走廊设计时以热流、法向过载、动压和拟平衡滑翔等约束条件体现。

1. 热流约束

高超声速再入气动加热问题是所有飞行器再入最关键的问题之一,为保证飞行器的安全,在再入轨迹设计时,要求驻点,特别是机端头处单位面积热流密度必须小于一定指标:

$$\dot{Q} = c_q \rho^n V^p \leq \dot{Q}_{max} \qquad (2-1)$$

其中,$\dot{Q}$ 表示热流,c_q 为热流传递系数,驻点最大热流约束 $\dot{Q}_{max}$ 依热防护系统材质而定,ρ 为大气密度,V 为飞行速度,n、p 为常数。对于高超声速再入问题,可取:$n = 0.5$,$p = 3.15$。

2. 法向过载约束

飞行器法向过载的大小由飞行器结构或其中设备的承受能力决定。

$$n_z = \frac{\rho V^2 S_{ref}}{2m}(C_L \cos\alpha + C_D \sin\alpha) \leq n_{zmax} \qquad (2-2)$$

其中,n_z 表示法向过载,n_{zmax} 为最大法向过载,S_{ref} 为飞行器参考面积,m 为质量,C_L 和 C_D 分别为升力系数和阻力系数,α 为飞行攻角。

3. 动压约束

使用气动舵面控制的飞行器,其铰链力矩不可过大,应对动压进行限制,以减小执行机构质量和功耗。动压约束主要针对飞行器进入稠密大气层后的轨迹。

$$q = \frac{\rho V^2}{2} \leq q_{max} \qquad (2-3)$$

其中,q 表示动压,q_{max} 为最大动压,单位为 $\frac{N}{m^2}$。

4. 平衡滑翔约束

基于再入制导控制能力的考虑,要求可以获得的最大升力能够平衡其他力,即平衡滑翔能力。平衡滑翔的特征是飞行路径角的变化率为零,平衡滑翔条件可表示为

$$\left(g - \frac{V^2}{R}\right)\cos\theta - L\cos\upsilon_{EQ} - a_\Omega \leq 0 \qquad (2-4)$$

其中,g 为引力加速度,R 为地心矢,θ 为飞行的航迹角,L 为飞行器所受的升力,a_Ω 是考

虑科氏加速度和牵连加速度的附加项，v_{EQ}是平衡滑翔边界对应的倾侧角。在一般的再入问题中，a_Ω的数量级相对较小，且有$\cos\theta \approx 1$，因此将方程（2－4）转化为拟平衡滑翔条件：

$$\left(g - \frac{V^2}{r}\right) - L\cos v_{EQ} \leqslant 0 \qquad (2-5)$$

热流、法向过载、动压是"硬"约束，飞行器再入过程中绝不允许超出其设计约束条件，拟平衡滑翔则是"软"约束，不对飞行器是否超出其拟平衡滑翔边界进行严格限制。IXV驻点热流、总过载和动压的具体约束值分别为：

（1）最大驻点热流$Q_s \leqslant 670\mathrm{kW/m^2}$；

（2）最大法向过载$Ny \leqslant 3.0\mathrm{g}$；

（3）最大动压$q \leqslant 6000\mathrm{Pa}$。

根据IXV技术指标对最大允许驻点热流、最大允许总过载和最大允许动压要求，可以绘出IXV阻力加速度－速度描述的再入走廊，见图2－8。

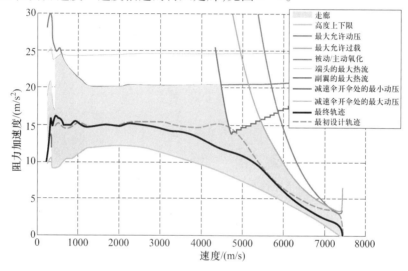

图2－8　IXV再入走廊

图中，驻点最大热流、最大过载和平衡滑翔边界构成了飞行器的再入走廊，在此基础上考虑襟翼的热流约束，可使再入走廊进一步减小，其区域见图中的灰色部分。该种方式进行再入走廊设计的优点是可以直接对轴向过载进行限制，同时当给定阻力加速度和速度的关系后可以用解析式把再入航程近似表示出来。

2.5　气动布局方案

IXV飞行试验的目标是验证欧洲对于升力体构型的高超声速无动力机动再入返回能力，同时将IXV本身作为研究高超声速再入气动力/热特性及相关空气动力学现象的平台，验证气动力/热特性的地面预测（试验和计算）能力。因此，项目团队研究之初便确定了气动布局设计思路：设计一种简单的升力体布局，高超声速再入大攻角条件下升阻比不小于0.7，以便能够实现升力式再入，在飞行的末端实现回收。IXV气动布局的实际设计过程中，还需要综合考虑总体、弹道、控制、防热及内部空间以及与运载火箭的接口等诸多

约束,具体如下:

(1) 外形尽可能简化,以减少成本,缩短研发时间,尽量减少翼、尾和小翼这些特征;

(2) 减小气动加热,最大化升力面积,头部钝化;

(3) 最大化平面投影形状,具有足够的升/阻比,实现再入滑翔;

(4) 舱内足够大的空间容纳仪器设备;

(5) 底部与运载火箭的接口尺寸。

最终,IXV气动布局采用了简单升力体方案,如图2-9所示,头部具有较大钝度,机身从后向前为渐缩锥型且具有平坦的迎风面,尾部布置有两片可独立偏转的襟翼,如图2-10所示。在布局设计过程中,设计人员对头部钝度进行了多轮优化,一方面保证驻点热流满足设计要求,另一方面钝度要足够小,更容易实现配平。机身从后向前被设计成减缩锥型,以改善飞行器升阻特性和侧向稳定性。同时,较大的机身横截面积可以容纳更多的舱内仪器设备。平坦的机身迎风面可有效改善热流环境。飞行器尾部的两片襟翼范围内可独立偏转,既可以进行升降控制,也可以进行滚转控制。整体上看,该气动布局属于典型的升力式再入飞行器构型,可以有效满足此次飞行试验对其相关空气动力学问题的研究需求。

 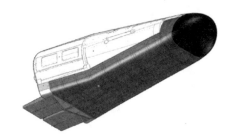

图2-9 IXV气动外形   图2-10 IXV襟翼

2.6 飞行控制总体方案

2.6.1 执行机构配置方案

IXV执行机构由RCS子系统和气动舵面组成。

IXV RCS子系统包括4台400N发动机,采用单组元无水肼作为推进剂,安装在飞行器尾部,发动机轴线与飞行器纵向对称面成45°、与飞行器尾端面夹角为10°。4台发动机分成2组,每组2台,RCS发动机布局见图2-11。

气动舵面由两个襟翼(图2-12)组成,安装在飞行器迎风面底部。襟翼舵面偏转范围为-19°~21°、最大转动角速度为15°/s。

2.6.2 执行机构使用策略

1. 亚轨道飞行段控制方案

器箭分离至再入点,IXV一直采用RCS发动机进行三轴姿态控制。

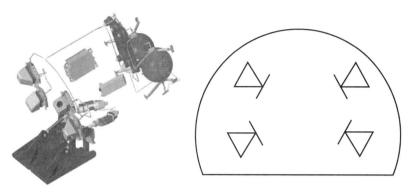

图 2 - 11 RCS 布局

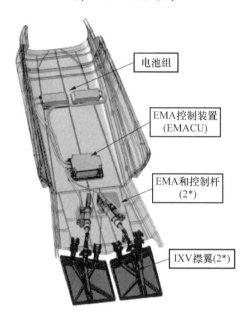

图 2 - 12 气动舵面布局

2. 再入飞行段控制方案

再入飞行过程中,动压较小,襟翼舵面控制效果不明显时,仍采用 RCS 发动机进行三轴姿态控制;随着动压增大,舵面气动效率可对飞行器进行气动控制时,IXV 采用襟翼对飞行器配平,利用 RCS 进行偏航控制,通过机襟翼和 RCS 共同协调实现飞行器滚转和俯仰的组合控制。

在襟翼参与控制过程中,气动舵面单片舵按通道合成偏转角,如表 2 - 3 所示。

表 2 - 3 机襟翼按通道合成偏转角

气动舵面配置		按通道合成偏转角	单片舵偏转角
机襟翼	滚转通道控制 反向偏转(δ_{roll})	$\delta_{roll} = \dfrac{\delta_{right} - \delta_{left}}{2}$	$\delta_{right} = \delta_{roll} + \delta_{pitch}$
	俯仰通道控制 同向偏转(δ_{pitch})	$\delta_{pitch} = \dfrac{\delta_{right} + \delta_{left}}{2}$	$\delta_{left} = \delta_{pitch} - \delta_{roll}$

3. 下降回收段控制方案

IXV 满足降落伞开伞条件后,将转入无控状态。

2.7 总体布局

IXV 总体布局主要考虑三项设计需求：

（1）飞行器总体设计方案功能需求（下降及回收系统、RCS 子系统、舵面传动机构、与运载火箭的机械接口等）；

（2）仪器设备安装要求和质量特性（质量、质心、转动惯量及惯性积）要求；

（3）飞行器总装、测试和试验操作要求。

IXV 质量特性受到运载火箭运载能力的限制以及飞行器稳定性、易配平性和可控性需求限制。IXV 气动外形意味着 IXV 质心位于纵向靠前和水平靠下，然而外形设计（飞行器后部的有效体积大于前部）和设备的热控制（迎风面的高热流和高热载）给飞行器质心位置实现带来了困难。而且为了获得良好的运载器性能，质量特性分布也有严格要求（考虑质量余量策略），这就需要合理进行布局设计，避免增加配重或平衡"无效"质量的需求。质心靠前所引起的另一个问题是内部的温度分布控制，系统单机设备的布局空间越有限，对飞行器热控设计影响越大。

IXV 的装配和集成与试验操作密切相关，耦合度高，给设计带来了很大难度，设计人员通过采用 PFM（飞行样机模型）理念（包含大量的安装和拆卸操作），简化了飞行器布局，缩短了装配、集成和试验周期及操作过程。

IXV 通过三个隔板将飞行器内部划分为 4 个不同功能的舱段，第一舱段主要是安装单机设备，第二舱段主要是布置下降回收系统相关设备，第三舱段主要是安装 RCS 子系统装置，第四舱段主要是布置相应管路、结构推力锥、舵机等，如图 2-13 和图 2-14 所示。结构推力锥主要承受上升段运载火箭传递过来的载荷，并将载荷通过合理的传递路径有效分散在飞行器各承力构件中。

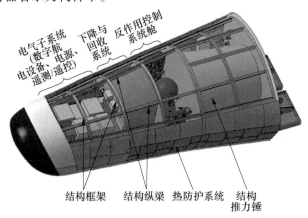

图 2-13 IXV 早期设计状态的总体布局

在现场装配图中可以看出，IXV 飞行产品的总体布局状态与早期设计状态的仪器设备有较大变化，飞行状态单机设备数量较早期设计状态减少，主要原因之一就是 IXV 内部空间有限，难以有效布置更多设备，从而采用集成设计，以较少设备实现较多功能和单机设备功能多样化。

图 2 – 14　IXV 实际布局

通过有效的布局和力学载荷环境条件,形成了 IXV 主要承力结构布局,如图 2 – 15 所示,具有较好的承载能力和刚度。

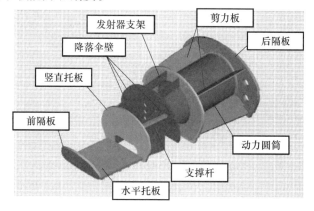

图 2 – 15　IXV 结构布局图

2.8　总装及运输方案

IXV 的总装和一体化操作是一项非常复杂的任务,尤其是热防护系统和仪器设备。 IXV 在方案阶段初步的组装和一体化过程分为四步。

第一步:前部结构件与仪器设备板组装在一起,见图 2 – 16。

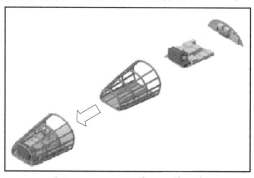

图 2 – 16　IXV 组装——第一步

第二步:后部结构件与RCS子系统和气动襟翼舵面控制子系统(FPCS)组装到一起,见图2-17。

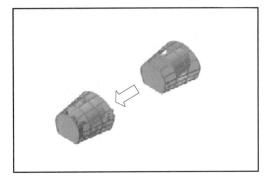

图2-17 IXV组装——第二步

第三步:组装前部结构和后部结构这两部件,见图2-18。

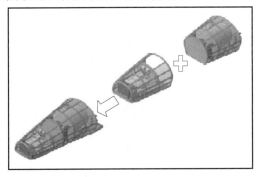

图2-18 IXV组装——第三步

第四步:热防护系统、热结构和其他蒙皮板整合到一起。下降与回收系统和漂浮装备也在这一阶段安装入位(以避免漂浮装备长时间处于折叠状态),见图2-19。

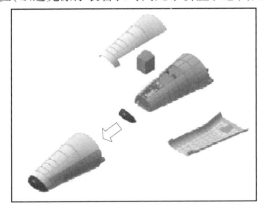

图2-19 IXV组装——第四步

IXV现场装配见图2-20,基本总装流程也按上述流程进行,但是通过组装现场也可以发现,IXV先完成底部结构和内部设备、管路、电缆等安装,背部的结构及热防护安装阶段靠后。IXV采用的总装流程,一方面充分考虑了总装过程的单机测试和系统测试、单机更换、发射场测试和安装、器箭对接等工作,另一方面还考虑了热防护在总装过程中的保护需求(见图2-21)。

图2-20　IXV组装现场

图2-21　IXV组装现场的热防护保护

　　IXV出厂运输时,通过系固设备进行固定,其状态见图2-22,从出厂运输状态可以看出,发射场测试项目及与器箭对接程序决定了IXV在靶场有较多保留工序,如口盖安装、支撑点处热防护安装。依据发射场工作流程,工作人员需逐步完成飞行器所有装配及测试工作。在完成运载火箭支架安装后,IXV将完成最后的总装工作,如安装吊点区域的热防护等,见图2-23。

图2-22　IXV出厂运输状态

图 2 - 23　IXV 器箭对接后的安装工作

从 IXV 实际安装过程可以看出,飞行器总装流程与总装方案、机身开口方案、测试方案、发射场流程等密切相关,因此,需要综合考虑各方面影响因素,以达到最优。

参考文献

[1] Tumino G, Mancuso S, Walloschek T, et al. The IXV project: the European approach to in-flight experimentation for future space transportation systems and technologies. 58th International Astronautical Congress, Hyderabad, 24 – 28 September 2007, IAC – 07 – D2. 6. 02, 2007.

[2] Yves G, Tumino G. FLPP re-entry In-flight experimentation: current status of the Intermediate eXperimental Vehicle (IXV). IAC – 06 – D2. 6. 5.

[3] Torngren L, Chiarelli C, Mareschi V, et al. Flpp re-entry in-flight experimentation: current status of the intermediate experimental vehicle (IXV). Proc. "The 6th European Symposium on Aerothermodynamics for Space Vehicles", Versailles, France, 3 – 6 November 2008.

[4] Tumino G, Basile L, Angelino E. The Intermediate eXperimental Vehicle development status. International Astronautical Congress, Prague, Czech Republic, 2010.

[5] Loddoni G, Signorelli M, Antonacci M, et al. IXV adaptation to vehicle reconfiguration. 40th International Conference on Environmental Systems. AIAA 2010 – 6088.

[6] Hayaramos R, Bonetti D, Serna J, et al. Validation of the IXV Mission Analysis and Flight Mechanics Design. 18th AIAA/3AF International Space Planes and Hypersonic Systems and Technologies Conference, 24 – 28 September 2012, Tours, France. AIAA 2012 – 5966.

[7] Lacoste M, Barreteau R, Buffenoir F. Development and testing of ceramic matrix composite (CMC) thermal protection system for the IXV European atmospheric re-entry demonstrator. IAC, 2011.

[8] Verhoeven D, Renté D. Locking mechanism for IXV re-enry demonstrator flap control system. Proc. the 14th European

Space mechanisms & Tribology Symposium-ESMATS 2011, Constance, Germany, 28 – 30 September 2011.

[9] Zaccagnino E, Malucchi G, Marco V, et al. Intermediate eXperimental Vehicle (IXV), the ESA re-entry demonstrator. AIAA Guidance, Navigation and Control Conference, 08 – 11 August 2011, Portland, Oregon, AIAA 2011 – 6340.

[10] Tumino G, Angelino E, Leleu F, et al. The IXV project: the ESA re-entry system and technolologies demonstrator paving the way to European autonomous space transportation and exploration endeavours. IAC – 08 – D2. 6. 01, 2008.

[11] Hayaramos R, Bonetti D, Serna J, et al. Validation of the IXV mission analysis and flight mechanics design. 18th AIAA/3AF International Space Planes and Hypersonic Systems and Technologies Conference 24 – 28 September 2012, Tours, France, AIAA 2012 – 5966.

[12] Pezzella G, Marino G, Rufolo G C. Aerodynamic database development of the ESA intermediate experimental vehicle. Acta Astronautica, 94: 57 – 72, 2014.

[13] Ramos R H, Blanco G, Pontijas I, et al. Mission and Flight Mechanics of IXV from design to postflight. 66th International Astronautical Congress, 12 – 16 October, 2015, Jerusalem, Israel. IAC – 15. D2. 6. 2x31119.

[14] Tumino G, Mancuso S, Gallego J M, et al. The IXV experience, from the mission conception to the flight results. Acta Astronautica, 124: 2 – 17, 2016.

[15] Angelini R, Denaro A. IXV re-entry demonstrator: mission overview, system challenges and flight reward. Acta Astronautica, 124: 18 – 30, 2016.

第3章 IXV气动力特性

3.1 概　　述

为了建立IXV完善的气动特性数据库,设计人员开展了大量的数值计算(CFD)和风洞试验(WTT)研究,其中数据库的大部分数据通过数值计算获得,并通过一系列的风洞试验进行了验证。由于工作量异常庞大,包括德国宇航研究中心(DLR)、法国宇航研究中心(ONERA)、意大利宇航研究中心(CIRA)、荷兰国家航空航天实验室(NLR)及瑞典国防研究机构(FOI)等诸多研究机构和工业部门参与了该项工作,确保能够按照项目需要如期完成数据库的建设工作。图3-1所示为S4Ma风洞试验的模型。

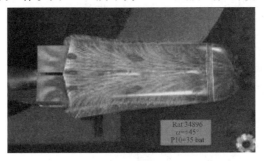

图3-1　S4Ma风洞试验的模型(ONERA)

3.2　坐标系和相关符号

图3-2所示为气动特性研究的参考坐标系,该参考坐标系是一个固定于机身的坐标系。原点位于飞行器质心,X轴垂直于飞行器底部指向头部,Z轴在对称平面内,垂直于X轴向下指向飞行器的迎风面,Y轴根据右手定则确定。

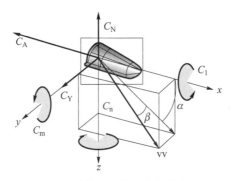

图3-2　参考坐标系和空气动力系数

飞行器轴向力系数 C_A 和法向力系数 C_N 分别以 X 轴和 Z 轴的负方向为正方向,侧向力系数和力矩系数的方向与坐标轴的方向一致。

同时,对于两块可以独立偏转的襟翼,定义其后缘向下偏转为正向偏转,向上偏转为负向偏转。

3.3 气动特性研究

3.3.1 跨声速特性

IXV 飞行试验并不验证跨声速范围,因此设计人员没有专门针对跨声速开展气动特性的详细设计工作,跨声速气动特性研究主要是评估总体性能,重点关注横向特性。

该项工作主要采用 CFD 方法,主要内容包括:

(1)与风洞试验数据进行对比分析;

(2)评估支杆影响;

(3)研究雷诺数影响。

泰雷兹·阿莱尼亚宇航公司利用 NSAERO 软件开展 CFD 计算工作,风洞试验在 FOI T1500 风洞开展。

1. 风洞试验

1)试验方案及内容

试验是在 FOI T1500 喷射流驱动的闭口式风洞内进行的,风洞利用储压器内的高压空气驱动之后,空气被排到大气中。T1500 风洞的试验段横截面为 $1.5m \times 1.5m$,长为 $4.0m$。壁板上有开槽,四面壁板的每一面上各有 4 个开槽。通过开槽被抽出的空气量可控,抽出的空气进入试验段周围的正压区。

试验模型缩比是 1:21,模型主体由上半部和下半部组成,在主体下半部分装有测力天平转接头,如图 3-3 所示。

图 3-3 安装在风洞试验段内的试验模型

试验过程中,通过合理的控制风洞驻室总压准确模拟飞行状态下的雷诺数,试验状态如表 3-1 所示。

表 3-1　试验状态表

备注	de	da	α	β	Ma				运行次数
					0.80	0.95	1.20	1.40	
TN	10	0	→	0				B	1
TD	10	0	→	0				B	1
纵向	-5	0	→	0	A	A+D	A+B	B	6
	0	0	→	0	A+B	A+B	A+B+C	B	8
	5	0	→	0	A	A+B	A+B	B	6
横侧向	0	0	→	5	A+B	A	A+B	B	6
	0	0	→	-5	A			B	2
	0	0	70	→	E+F				2
副翼 横侧向	5	5	→	0	A		A+B	B	4
	0	5	→	0	A+B	A	A+B	B	6
	0	-5	→	0	A+B	A	A+B	B	6
	5	-5	→	0	A		A+B	B	4
	-5	-5	→	0	A		A+B	B	4
	-5	5	→	0	A		A+B		3
油流	5	0	50	0				B	1
总运行次数									60

注:

(1)攻角 α 和侧滑角 β 的范围如下:

序号	α 或者 β 范围	序号	α 或者 β 范围
A	56°~90°	D	23°~56°~23°
B	23°~56°	E	-12°~12°
C	56°~90°~56°	F	12°~90°

(2)TN 代表自由转捩,TD 代表强制转捩。

2)试验结果

设计人员对 Ma = 1.4 开展了有无转捩带的对比研究,结果表明转捩带对试验结果并没有明显影响,不过设计人员仍然在后续的试验中保留了转捩带,以获得左右更对称的转捩位置。

不同升降舵偏下俯仰力矩特性 $C_m \sim \alpha$ 曲线如图 3-4 所示。当 Ma = 0.95 时,飞行器在 $\alpha < 31°$ 时纵向静不稳定。升降舵偏角为零时,飞行器自配平攻角为 57°。

图 3-5 给出了侧滑角 -5°、0、5°下、Ma = 0.80 的偏航和滚转力矩特性随 α 的曲线,结果表明当飞行器攻角大于 54°时,偏航处于静稳定。滚转力矩几乎不受攻角影响,且其趋势是减小侧滑角。

在升降舵偏角为零时,Ma = 1.20 下不同副翼偏角下偏航和滚转力矩特性随 α 的曲线如图 3-6 所示。不同副翼偏角下飞行器偏航特性受攻角的影响较大,随着 α 的增大舵效逐渐增大。不同副翼偏角下飞行器滚转力矩特性几乎不受攻角的影响。

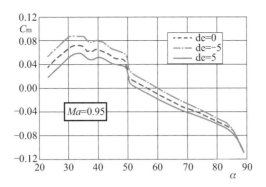

图 3-4　不同升降舵下 $Ma=0.95$ 时纵向特性（$da=0°$）

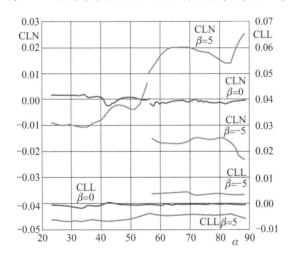

图 3-5　不同侧滑角下 $Ma=0.80$ 时横航向特性（$de=da=0°$）

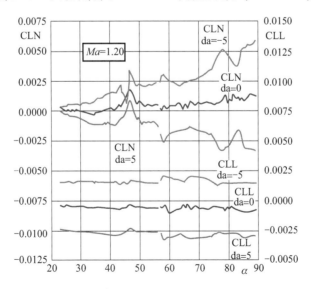

图 3-6　不同副翼偏角横航向特性（$Ma=1.20$　$de=0°$）

2. 数值计算

NSAERO 软件采用 LU-SGS 隐式有限体积法求解雷诺平均 Navier-Stokes 方程。利用二阶 TVD 格式计算出非粘性项,扩散项是利用集中在单元面的标准中心差分进行计算,湍流模型为 S-A 模型。

利用 Gridgen 软件生成多块结构化网格,网格量为 700 万~1400 万,具体取决于 IXV 襟翼结构。垂直于壁面的第一层网格单元高度为 0.1mm,以得到 $y^+ \leq 1$(参见图 3-7~图 3-9)。

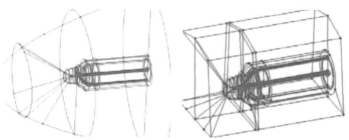

图 3-7 亚跨(左)、超(右)声速条件下的网格拓扑

图 3-8 全飞行器及局部表面网格   图 3-9 33°弯曲支杆网格

3. 试验与计算对比

风洞试验结果表明,马赫数为 0.8 时,俯仰力矩特性随着攻角的增大,出现了先增大后减小的非线性特性,如图 3-10 所示,这种现象主要是由背风面气流发生大范围的分离所致。图 3-10 给出了 55°~60°的攻角范围内物面极限流线,飞行器圆弧形的背风面使其流场结构非常不稳定,随着攻角的增大分离线逐渐向迎风面移动,分离范围逐渐增大。这也导致在 60°攻角处,计算和试验存在较大的差异,而 50°和 70°攻角处吻合得较好。

而由图 3-12 可知,在马赫数为 1.4 时,俯仰力矩特性随攻角的变化规律明显好于 0.8 时,攻角为 50°时,计算和试验之间的一致性较好。另外,根据计算结果,支杆会使俯仰力矩在跨声速以及超声速下出现上仰现象。

由于飞行器具有较大的底部面积,给跨声速下轴向力特性的预示带来较大难度,计算和试验对比的结果如图 3-13 和图 3-14 所示。与预期相同,超声速下二者之间的偏差小于亚声速。

3.3.2 超声速特性

本节介绍了飞行器在 DNW-SST 超声速风洞中开展的试验内容,并将风洞试验所得结果与 CFD 计算结果进行对比分析。

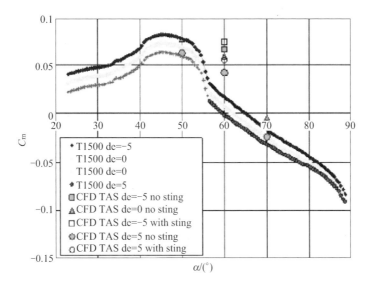

图 3 - 10 CFD-WTT 比较,俯仰力矩随攻角变化曲线($Ma = 0.8$)

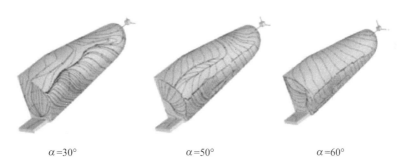

$\alpha = 30°$ $\alpha = 50°$ $\alpha = 60°$

图 3 - 11 不同攻角下物面极限流线($Ma = 0.8$)

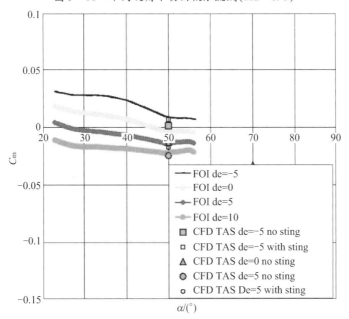

图 3 - 12 CFD-WTT 比较,俯仰力矩特性曲线($Ma = 1.4$)

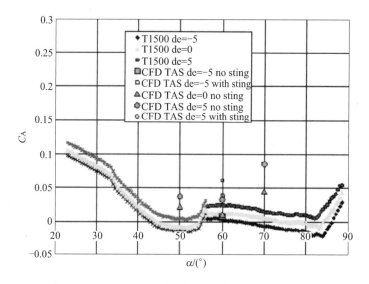

图 3 - 13　CFD-WTT 比较,轴向力特性曲线($Ma = 0.8$)

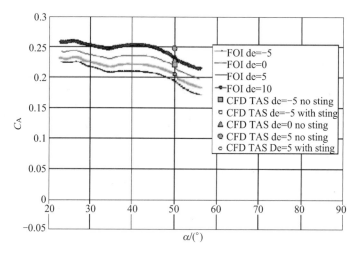

图 3 - 14　CFD-WTT 比较,轴向力特性曲线($Ma = 1.4$)

1. 风洞试验

试验模型内部安装了测量气动力的六分量天平和测量表面压力的模块。压力模块主要用于测量嵌入式大气数据(FADS)六个位于头部锥形区测点的压力数据,见图 3 - 15。

支撑方式

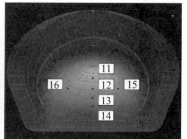
FADS测点

图 3 - 15　试验模型

针对 $Ma=1.45$、1.99、2.99 和 3.91 开展试验研究,表 3-2 给出了风洞试验条件和自由飞行条件下的对比,试验状态见表 3-3。

表 3-2 试验条件和飞行条件

| | SST 风洞条件 | | | | | | 飞行条件 |
马赫数	P_0 /kPa	P /kPa	T_0 /K	V /(m/s)	Q /kPa	Re /$\times 10^6$	Re /$\times 10^6$
1.45	165	48	282	410	71	5.5	
1.99	224	29	289	507	81	6.1	3.5
2.99	649	18	283	605	112	11.0	
3.91	1481	11	294	667	117	15.1	1.6

表 3-3 试验状态

序号	备注	de /(°)	da /(°)	deL /(°)	deR /(°)	α /(°)	β /(°)	运行 $Ma=1.45$	运行 $Ma=1.99$	运行 $Ma=2.99$	运行 $Ma=3.91$
5		−10		−10	−10			10	22		57
1		−5	0	−5	−5		0	8	23		
2	纵向	0	0	0	0		0	7 / 66	24		56
3		5	0	5	5		0	9	25		
4		10	0	10	10		0	11	26		58
2	横向	0	0	0	0		−5	32	31	34	
2	横向	0	0	0	0		−2		37	74	
2	横向	0	0	0	0		2		38		
14	横向	−5	5	−10			0		40		
13	副翼	−2.5	2.5	−5	0	25 ~ 75	0		39		
8		0	−5	5	−5		0	20	28		61
7		0	5	−5	5		0	16			
10		0	10	−10	10		0	19 / 67	30 / 47		65
16		2.5	−2.5	5	0		0	14			60
11		2.5	2.5		5		0	13	29		59
17		5	−10	15	−5		0	54			
9		5	−5	10			0	21			
6		5	5	0	10		0	15	27	53	63
15		5	10	−5	15		0	50	49		64
4	油流试验	10	0	10	10	50	0	42			

图 3-16 给出了 $Ma=1.99$ 时升降舵的操纵效率,可以看出升降舵表现出了良好的舵效特性和配平能力,且飞行器具有良好的纵向静稳定性,自配平攻角为 44° 附近。

图 3-17 和图 3-18 给出了 $Ma=1.45$ 时副翼不同偏角下滚转和偏航力矩曲线,可以看出副翼的滚转舵效特性规律较好,偏航舵效特性规律较差,副翼偏转也影响到升降舵

35

的效率,如图3-19所示。

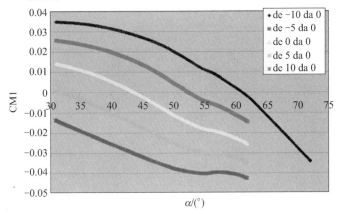

图 3 - 16 $Ma = 1.99$ 升降舵效率

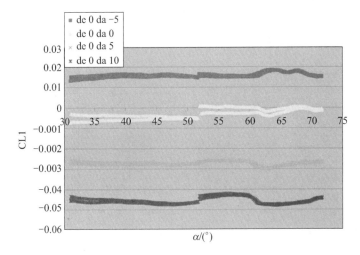

图 3 - 17 $Ma = 1.45$ 时副翼的滚转效率

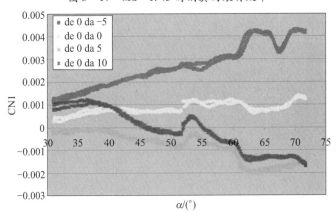

图 3 - 18 $Ma = 1.45$ 时副翼的偏航效率

飞行器轴向力特性如图3-20所示,可以看出 Cx 从 $Ma = 1.45$ 时的 0.22 降至 $Ma = 3.91$ 时的 0.20。

36

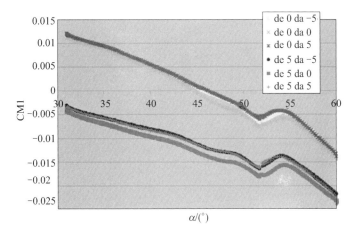

图 3 - 19　$Ma = 1.45$ 时副翼对俯仰力矩的影响

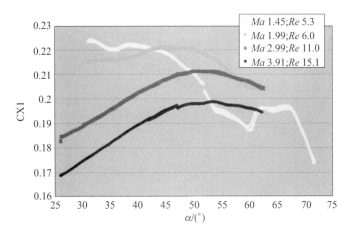

图 3 - 20　轴向力系数与 Ma 和 Re 的关系

2. 数值计算

超声速下的数值计算同样采用了 NSAERO 软件,具体方法不再赘述。

3. 试验与计算对比

通过 CFD 开展三个马赫数的计算研究:1.45、2 和 3.95。马赫数 1.45 作为 FOI T1500 和 DNW SST 两座风洞之间共同试验状态,两个风洞保证相同的来流条件和试验模型。不同的是 FOI T1500 风洞试验选择了直支杆,而 DNW SST 风洞试验选择了双向折弯支杆。在两种情况下,支杆均倾斜约 5°,以尽可能减小支杆/基座流之间的相互作用。

图 3 - 21 ~ 图 3 - 23 给出了马赫数为 1.45 时 WTT 与 WTT(即:FOI T1500 和 DNW SST)、WTT 与 CFD 的对比分析情况。当 de = - 5 和 de = 5 时,对于带或不带支杆的情况进行了 CFD 模拟。可以看到,风洞试验中出现的现象同样出现在 CFD 中,支杆产生了一定的抬头力矩,与风洞数据吻合。支杆对轴向力的影响也很显著,支杆的存在提高了底部附近的压力,这样就导致轴向力比飞行条件小。

两座风洞的法向力系数和俯仰力矩系数具有非常好的一致性,轴向力系数存在一定的差异。对于俯仰力矩系数,带支杆的计算数据比不带支杆的更靠近试验数据。

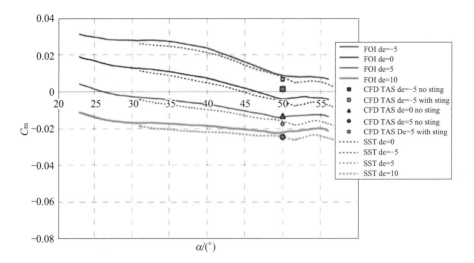

图 3 - 21 CFD-WTT/WTT-WTT 比较,俯仰力矩曲线(Ma = 1.45)

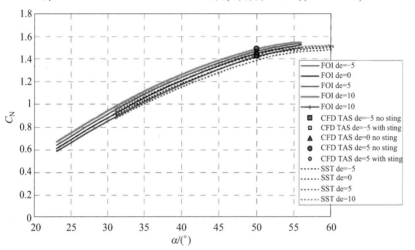

图 3 - 22 CFD-WTT/WTT-WTT 比较,法向力曲线(Ma = 1.45)

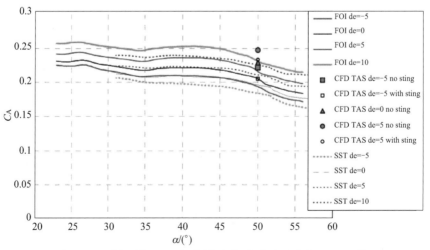

图 3 - 23 CFD-WTT/WTT-WTT 比较,轴向力曲线(Ma = 1.45)

图 3 - 24 给出了 $Ma = 2$ 下试验数据和计算数据的对比情况,二者在量值上存在一定的差异。

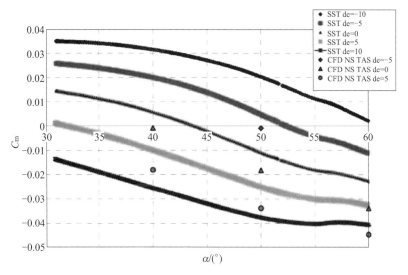

图 3 - 24 CFD-WTT 比较,俯仰力矩曲线($Ma = 2$)

对于马赫数 4,CFD(欧拉和 N - S 方程)和 WTT(SST 风洞)所得的俯仰力矩系数随攻角的变化曲线如图 3 - 25 所示。可以看出,基于欧拉方程和 N - S 方程获得的计算结果吻合得较好,雷诺数的影响较小。CFD 数据与 WTT 数据随攻角的变化规律基本一致,在舵面无偏转下,CFD 和 WTT 具有较好的一致性。

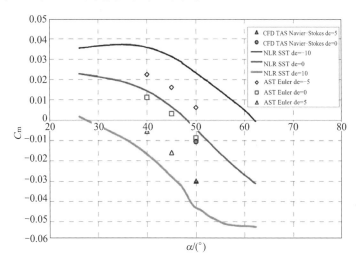

图 3 - 25 CFD-WTT 俯仰力矩系数比较($Ma = 4$)

3.3.3 高超声速特性

1. 风洞试验

该部分内容重点对马赫数为 6 时 ONERA-S4Ma 和 DLR-H2K 两座风洞的高超声速测力试验数据开展对比性分析。S4Ma 风洞试验模型的缩比为 1:13.75,H2K 风洞模型的缩比为1:17.6。ONERA-S4Ma风洞和DLR-H2K风洞均为暂冲式风洞,利用高压储气罐产生高速气流,试验段出口直径为0.6m。为了避免空气冷凝,在喷管的上游安装了电加热器,单位雷诺数范围为$2.5 \times 10^6 \sim 20 \times 10^6$。

试验内容包括:
- 马赫数:6
- 攻角范围:$30° \sim 57°$
- 侧滑角范围:$-10° \sim +10°$
- 襟翼偏转范围:$-10° \sim 15°$

图3-26给出了两座风洞俯仰力矩系数随攻角的变化特性曲线对比,整体上看,两座风洞试验数据无论是在量值还是在规律上都具有非常好的一致性,同时襟翼的升降舵效也表现出了良好的规律特性。襟翼正向偏转下的舵效略大于负向偏转,40°攻角之前较为明显,分析原因为负向偏转时将受到机身的遮挡所致。此外,在升降舵10°、攻角50°,升降舵15°、攻角42°之后,俯仰力矩随攻角不再呈线性的变化规律,且两座风洞的试验数据出现了明显的差异,分析原因为舵偏角和攻角的叠加作用导致气流在舵面上出现了复杂的分离流动,进而导致俯仰力矩特性出现了强烈的非线性。需要说明的是,S4Ma风洞试验为层流状态(TN),而H2K为湍流状态(TD),也可能是导致上述俯仰力矩出现明显差异的原因之一。

另外,图3-26中还给出了一些数值计算的结果与两座风洞试验数据的对比情况,计算和试验吻合得也非常好,本节不做具体分析。

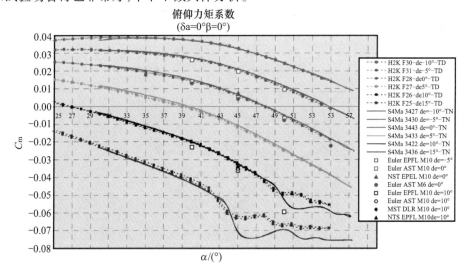

图3-26 俯仰力矩随攻角的变化曲线,$Ma=6$

2. 试验与计算对比

该部分内容重点对马赫数为10时CFD数值计算与S4Ma风洞试验开展对比分析,进一步研究IXV高超声速大攻角下的气动特性,分析条件如下:

（1）飞行条件,欧拉方程+完全气体($PG-\gamma=1.4$）。

（2）飞行条件,欧拉方程+平衡气体($EQ-H=52km$,$Re_L=6.82 \times 10^5$）。

（3）S4Ma风洞条件下,NS方程层流+完全气体($NS-PG-\gamma=1.4$,$Re_L=7.0 \times$

40

10^5)。

（4）飞行条件下,N-S 方程湍流+完全气体($H=52\text{km}-\gamma=1.4,Re_L=6.82\times10^5$)。

考虑到欧拉完全气体模型是建设 AEDB 的主要计算方法,因此重点评估欧拉完全气体计算与 S4Ma 风洞试验的结果。另外,采用 CFD 的方法对 S4Ma 试验条件进行仿真分析,以评估粘性效应的影响。最后,为弥补地面试验设施的不足,对真实飞行条件进行仿真分析。

图 3-27~图 3-29 给出了升降舵不同偏角下 CFD 数值计算和 S4Ma 风洞试验获得的轴向力系数(C_A)、法向力系数(C_N)与俯仰力矩系数(C_m)随攻角的变化规律情况。

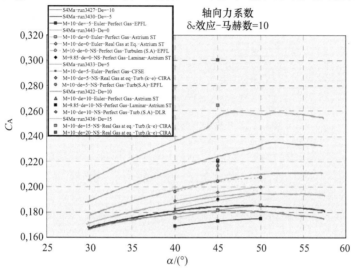

图 3-27　不同升降副翼舵偏下 C_A 随攻角的变化规律

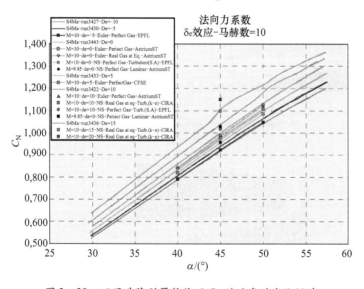

图 3-28　不同升降副翼舵偏下 C_N 随攻角的变化规律

对于 S4Ma 试验数据,当 $\delta_e=10°,\alpha>49°$ 时 C_N 和 C_m 均表现出一定的非线性特性。当 $\delta_e=15°$,该现象提前至了攻角 44°。由于 CFD 计算的状态较少,没有相同的状态用于

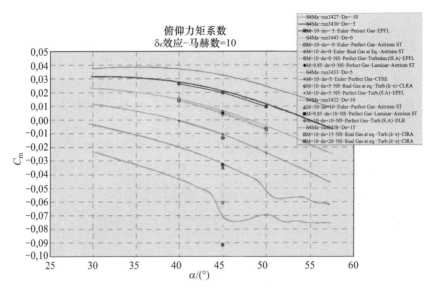

图 3-29 不同升降副翼舵偏下 C_m 随攻角的变化规律

比较。分析认为,当攻角增大到一定程度时,飞行器背风面大范围的分离流动是导致上述现象的根本原因。整体上看,除了大攻角下,升降舵的舵效特性规律性较好,均能实现飞行器的配平。

此外,从图 3-30 中的纹影图还可以看到,随着攻角增大,升降舵处产生的二次激波逐渐远离舵面并与头激波汇合形成脱体的激波。

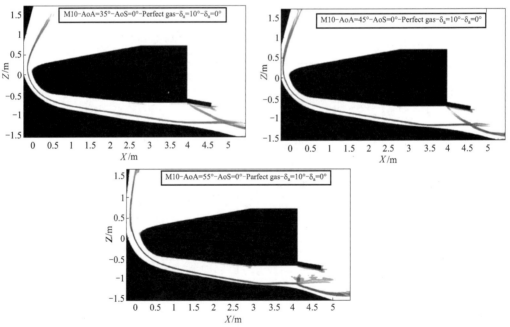

图 3-30 纹影照片

对于 CFD 与 S4Ma 风洞试验对比,所有升降舵偏转下,欧拉完全气体 CFD 和 S4Ma 之间的 C_A 出现了大的偏差,分析认为该偏差主要由黏性效应造成。对于 C_N,欧拉完全气体与 S4Ma 吻合很好,黏性效应可以忽略。对于 C_m,欧拉完全气体和 S4Ma 吻合得也很好。因此,除了对 C_A 进行适当的修正,气动数据库的建设采用欧拉完全气体 CFD 方法基本上合理可信。

3.4 典型流场特性研究

设计人员在德国宇航研究中心(DLR)科隆高超声速风洞(H2K)开展了再入阶段高超声速大攻角大分离典型流场特性的风洞试验研究,本节内容将重点研究马赫数 6.0 条件下大攻角下的流场特性。试验结果表明,在大攻角条件下,不同襟翼偏转角($\delta_{L/R}$)和攻角 α 对襟翼附近气流分离及再附特性、激波相互干扰、激波/边界层干扰等影响非常明显。

3.4.1 试验介绍

1. 试验模型

通过对流场阻塞度的研究,在 H2K 风洞中模型缩比确定为 1:17.6,该模型比例可以实现 55°大攻角而不产生任何阻塞,如图 3－31 所示,模型弦长为 250mm(不带襟翼)和底部面积 23437.5mm²。模型的质心位于从头部尖端测量弦长的 58%(145mm)处。模型采用铝合金材料,设计了 6 对不同偏角的襟翼(－10°、－5°、0°、5°、10°、15°)。另外,考虑本项试验重点研究襟翼附近的流场特性,为了尽可能减小支杆对底部及襟翼附近流场的干扰,试验采用了背支撑的方式,如图 3－32 所示。

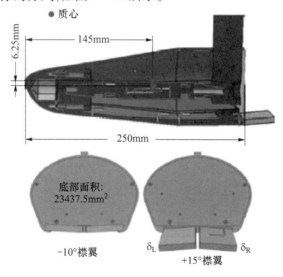

图 3－31　模型结构和襟翼正负偏转视图

2. 转捩带

由于 H2K 风洞湍流度比较低,且试验模型表面比较光滑,在自由流动的情况下模型表面的边界层通常为层流状态(简称 TN)。为了更加真实地模拟真实流动情况,需要在模型表面合适的位置粘贴边界层转捩带(也称伴线),以实现边界层的强制转捩(简称 TD)。转捩带粘贴情况如图 3－33 所示,第一条转捩带是距离底部 191～186mm 处的碳化硅 F80(粒径 180μm),第二条线是碳化硅 F40(粒径 400μm),距离底部 75～70mm。

图 3 - 32 背支撑的方式

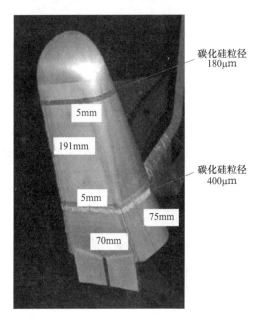

碳化硅粒径
180μm

碳化硅粒径
400μm

图 3 - 33 粘贴边界层转捩带

3.4.2 结果分析

该风洞试验的目的是研究襟翼附近的流场特性,为了比较不同襟翼偏转角情况下的流动特性,将襟翼相对于自由流的襟翼偏转角 ζ 定义为飞行器攻角 α 与襟翼偏转角 $\delta_{L/R}$ 之和。

$$\zeta \equiv \delta_{L/R} + \alpha \qquad\qquad (3-1)$$

如图 3 - 34 ~ 图 3 - 36 给出了马赫数 6.0、攻角 20°~55°、左右襟翼同时偏转 -10°~15° 范围下的舵效特性。需要说明的是,每个襟翼偏角下均有两条特性曲线,原因是试验过程中攻角机构先由 20°转动到 55°,然后再从 55°转回到 22°,两个过程均进行了数据采集。轴向力系数的两条曲线差异较明显,法向力和俯仰力矩则吻合得非常好,从公开的资料中没有找到相关的原因分析,初步判断可能是攻角机构向回转时存在一定的滞后性,此处不做具体分析。

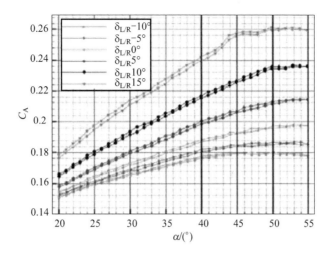

图 3 - 34　轴向力系数 $C_A \sim \alpha$ 曲线

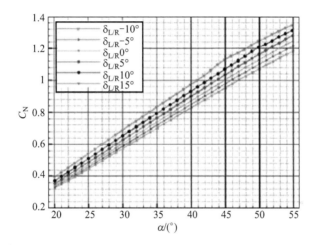

图 3 - 35　法向力系数 $C_N \sim \alpha$ 曲线

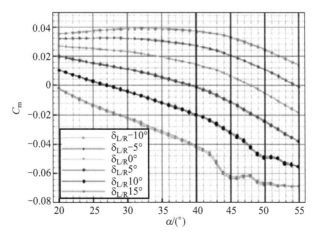

图 3 - 36　俯仰力矩系数 $C_m \sim \alpha$ 曲线

通过分析，C_A、C_N 和 C_m 在所研究的攻角范围均表现出了良好的特性规律，襟翼正向偏转时的舵效特性明显优于负向偏转,原因是襟翼负向偏转时将受到机身底部的遮挡作用。对于 $\delta_{L/R}$ 在 $10°$ 和 $15°$ 两个舵偏角下,由于与攻角的叠加作用,在攻角 $50°$ 之后由于气流在舵面上出现较大分离,舵效特性出现了一定程度的降低。

为了进一步分析获得的试验数据,图 3-37 给出了马赫数 6.0、襟翼偏角 $10°$ 和 $15°$ 下的试验纹影图像。可以看出,边界层转捩带引起的干扰很明显,不过并没有影响到主激波的形状。在攻角 $40°$ 和 $45°$ 下,从襟翼铰链线上游机身发出的马赫线清晰可见,分析原因为模型机身和襟翼之间的装配间隙引起。此外,在一些纹影图像中,喷管的自由流边界清晰可见。随着攻角的增加,襟翼区域的激波系发生了明显的变化。

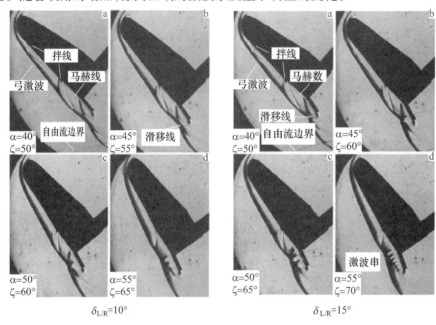

图 3-37 马赫数 6.0 不同攻角的纹影图像

为了揭示自然转捩(TN)和强制转捩(TD)的区别,图 3-38 给出了两次试验的气动力系数 C_A、C_m 和 C_N 的对比情况。可以看到,转捩对轴向力和法向力系数的影响较小(小于1%),对俯仰力矩系数的影响较为明显,最高可达5%左右,但并没有改变特性的趋势。

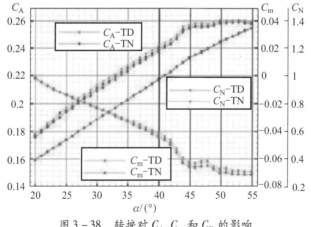

图 3-38 转捩对 C_A,C_m 和 C_N 的影响

为了详细研究 $\delta_{L/R}=15°$ 时襟翼区域的激波结构,图 3-39 给出了无拌线的试验纹影图像。在攻角 30° 中等攻角附近,襟翼偏转引起的分离激波和再附着激波都清晰可见,并在同一点处与飞行器弓形激波相交,与理论压缩拐角处的激波干扰类似,如图 3-40 所示。当攻角超过 45° 后,分离激波和再附激波逐渐消失。随着攻角的增大,当 $\alpha=35°$ 时,交叉点发出的滑移线清晰可见,如果攻角进一步增大,滑移线将接近襟翼后缘。

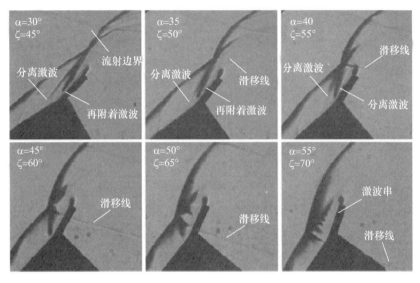

图 3-39　襟翼区域的激波结构,$Ma=6.0$ $\delta_{L/R}=15°$,无拌线模型

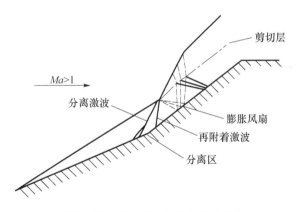

图 3-40　压缩拐角激波干扰示意图

3.5　真实气体效应和稀薄气体效应研究

3.5.1　真实气体效应

对于真实气体效应的研究,研究人员主要采用了 CIRA 的 H3NS 数值计算方法。在物理建模时考虑了粘性层流/转捩/湍流,选择了完全气体、化学平衡和化学非平衡三种气体模型开展真实气体效应的对比分析。

流场网格为结构化分块网格,如图3 – 41所示,第一层网格的高度最小为10^{-5}m。半个机身流场由118个网格块组成,网格数量约为230万。

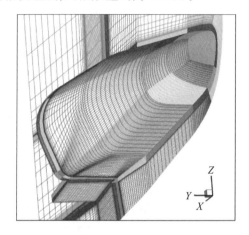

图3 – 41 机身表面网格和对称平面

图3 – 42给出了来流条件为$M_\infty = 17.7$, $\alpha = 45°$, $\delta_e = 10°$机身对称面上的压力系数分布。可以看出,不同气体模型计算得到的迎风面压力系数会有一些差异,非平衡气体模型的压力系数稍大,完全气体模型最小,但整体上相差不大。在背风面,三种模型的压力系数均比较接近。

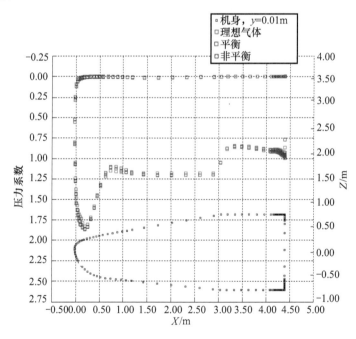

图3 – 42 真实气体效应影响对比

反映在气动特性上,真实气体效应主要会影响俯仰力矩特性,图3 – 43给出了不同气体模型计算得到的真实气体效应对俯仰力矩特性的影响。可以看出,不同气体模型之间的差异性较小,与压力系数分布特性的结果较为一致。

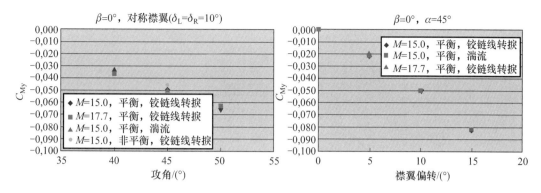

图 3-43　俯仰力矩系数随攻角(左)和襟翼偏转(右)的变化规律

3.5.2　稀薄气体效应

IXV 再入初始,大气非常稀薄且密度低,空气分子的平均自由程(λ)与 IXV 的特征尺度(l_{ref})大小相当,连续流假设此时将不再成立,飞行器的气动力学特性由单独、分散的分子碰撞确定,这个区域一般称为自由分子流区。随着高度的不断下降,大气的密度逐渐升高,IXV 将进入连续流区。自由分子流区和连续流区之间的区域,通常称为过渡流区。图 3-44 给出了 IXV 经历的不同流区下克努森数和马赫数-雷诺数的关系。

根据研究人员的分析,$10^{-3} < Kn_{\infty l_{\mathrm{ref}}} = (\lambda / l_{\mathrm{ref}}) = (1.25 \sqrt{\lambda})(M_{\infty} / Re_{\infty l_{\mathrm{ref}}}) < 10$ 的区域是稀薄流过渡区。因此,在 200km 的高空,IXV 处于自由分子流区(事实上,$Kn_{\infty l_{\mathrm{ref}}} = 70$),而从 120km 到约 86km 的海拔高度范围,它处于过渡流区。最后,低于约 86km 的高空时,连续流条件将成立。

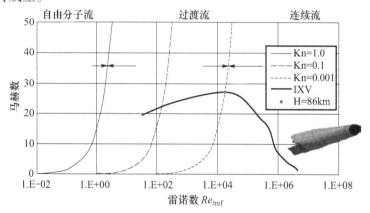

图 3-44　克努森数为常数时 $Ma - Re$ 图中的 IXV 再入轨迹

对于自由分子流区,通过用蒙特卡洛(DSMC)法开展气动特性的计算,但 DSMC 方法本身非常耗时,因此设计人员采用桥函数的方法进行气动特性的快速计算。图 3-45 ~图 3-47 给出了 200km 的高空,C_{L}、C_{D} 与 C_{m} 的特性曲线。

而对于过渡流区,设计人员同样采用的是桥函数的方法。通过图 3-48 ~图 3-50 可以看出,升力系数和俯仰力矩系数随着克努森数的增大出现了明显的降低,阻力系数则明显增大,飞行器的升阻特性明显降低。

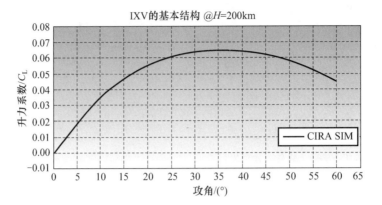

图 3 – 45　$H=200$km 高空时升力系数与攻角的关系

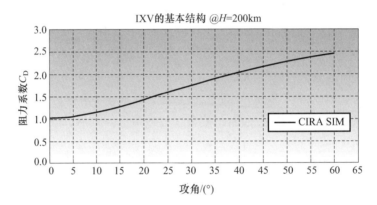

图 3 – 46　$H=200$km 高空时的阻力系数与攻角的关系

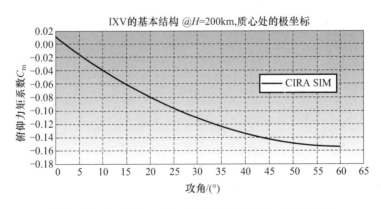

图 3 – 47　$H=200$km 高空时俯仰力矩系数与攻角的关系

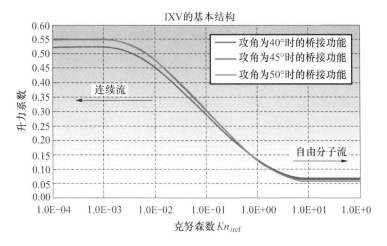

图 3 – 48　攻角 =40°、45°和50°时升力系数与克努森数的关系

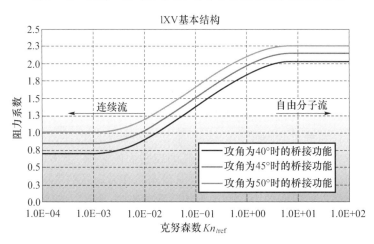

图 3 – 49　攻角 =40°、45°和50°时阻力系数与克努森数的关系

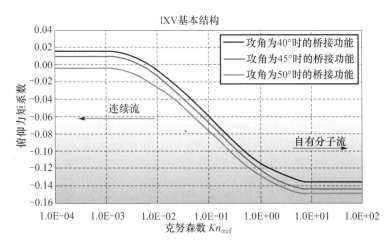

图 3 – 50　攻角 =40°,45°和50°时俯仰力矩系数与克努森数的关系

3.6 气动数据库

本节对 IXV 气动特性数据库(AEDB)的开发工作进行简单介绍。IXV 气动数据库涵盖了飞行器所有可能的飞行马赫数、攻角、侧滑角及舵偏角。数据库的形式上采用增量叠加的方式,飞行器基本状态(即无侧滑、无舵偏状态)下的气动数据用全量表示,由于侧滑角、舵面偏转等产生的气动特性变化以增量的形式表示,使用时增量直接线性叠加至全量。

影响 IXV 气动特性的独立变量为:

$$\{M,Re,\alpha,\beta,\delta_{el},\delta_{er},p,q,r,\dot{\alpha}\} \qquad (3-2)$$

(M,Re)[①]确定流动的环境,攻角(α)和侧滑角(β)描述了流动的方向,δ_{el}和δ_{er}为左右襟翼的偏转角度。此外,机身坐标系内的角速度分量$(p,q$和$r)$以及攻角的时间导数$(\dot{\alpha})$一同作为输入参数。

由于气动数据库中的数据均基于飞行轨迹获得,因此在气动力模型中没有考虑雷诺数的影响,需要考虑的变量变为:

$$\{M,\alpha,\beta,\delta_{el},\delta_{er},p,q,r,\dot{\alpha}\} \qquad (3-3)$$

各个增量项之间彼此相互独立,每个气动力系数均可以通过一定数目增量项的线性叠加得到,从而能够推导出每个气动力系数。

此外,与美国航天飞机轨道飞行器、X-33 和 X-34 飞行器一样,IXV 的气动力模型也同样进行如下假设:未考虑 RCS 喷口的影响;假设飞行器为刚性体,气动力系数未考虑弹性变形的影响;未考虑雷诺数和克努森数对气动控制面的影响;未考虑突起、缝隙和粗糙度的影响;假定侧滑对气动控制面无影响;仅对横向力和力矩系数考虑了控制面之间的相互干扰;未考虑克努森数对侧向力和气动力矩系数的影响(俯仰力矩系数除外)。

参考文献

[1] Tran P, Dormieux M, Fontaine J, et al. FLPP IXV Re-entry vehicle, hypersonic aerodynamics characterization, ESA SP -659, January 2009.

[2] Roncioni P, Ranuzzi G, Marini M, et al. Hypersonic CFD characterization of IXV vehicle. west-east high speed flow field conference, 19 - 22, November 2007, Moscow, Russia.

[3] Gawehn T, Neeb D, Tarfeld F, et al. Experimental investigation of the influence of the flow structure on the aerodynamic coefficients of the IXV vehicle, Shock Waves, 2011 Vol. 21:253 - 266.

[4] Pezzella G, Marino G, Rufolo G C. Aerodynamic database development of the ESA intermediate experimental vehicle. Acta Astronautica, 2014, Vol. 94: 57 - 72.

[5] Torngren L, Chiarelli C, Mareschi V et al. FLPP IXV Re-entry Vehicle, Transonic Characterisation Based on FOI T1500 Wind Tunnel Tests and CFD. The 6th European Symposium on Aerothermodynamics for Space Vehicles, Versailles, France, 3 - 6 November 2008 (ESA SP - 659, January 2009).

[6] Kapteijn C, Maseland H, Chiarelli C et al. FLPP IXV Re-entry Vehicle, Supersonic Characterisation Based on DNW SST Wind Tunnel Tests and CFD. The 6th European Symposium on Aerothermodynamics for Space Vehicles', Versailles,

---

① 注意,(M,Re)能够确定稀薄流动状态的条件,因为努森数与马赫数雷诺数之比成正比。

France, 3 – 6 November 2008 (ESA SP – 659, January 2009).

[7] Neeb D Gülhan A, Cosson E, et al. An experimenttal study on aerothermal heating of the IXV configuration during re-entry. The 6th European Symposium on Aerothermodynamics for Space Vehicles, 3 – 6 November 2008.

[8] Cosson E, Soler J, Pierre V, et al. Characterization of the aerothermal environment of the IXV experimental vehicles by means of WTT and CFD. The 6th European Symposium on Aerothermodynamics for Space Vehicles, 3 – 6 November 2008.

[9] Roncioni P, Ranuzzi G, Marini M, et al. Experimental and numerical investigation of aerothermal characteristics of the IXV hypersonic vehicle. The 6th European Symposium on Aerothermodynamics for Space Vehicles, 3 – 6 November 2008.

[10] Paciorri R, Onofri M, Cardillo D, et al. Numerical assessment of wall catalytic effects on the IXV surface. The 6th European Symposium on Aerothermodynamics for Space Vehicles, 3 – 6 November 2008.

[11] Catalano P, Benedetto S D, Rufolo G, et al. RANS analysis of TPS protusions of the ESA IXV vehicles. IAC – 13 – 2. 6. 6, 2013.

[12] Tribot J P, Dutheil S, Viguier P, et al. Intermediate eXperimental Vehicle extrapolation ground to flight wind tunnel and CFD approach. IAC – 13, D2. 6, 5x17026, 2013.

第 4 章　IXV 气动热特性

4.1　概　　述

气动热环境研究作为 IXV 飞行试验计划的关键目标之一,主要获取再入过程中气动热环境相关数据及验证高超声速气动热环境设计工具。IXV 气动热环境设计与研究工作由 EADS Astrium 公司负责,德宇航、意宇航等多家单位参与,研究方法主要包括数值模拟及试验测量。IXV 热环境研究具体实施过程中,首先通过不同 CFD 工具模拟及风洞试验测量结果相互校验对设计工具的可靠性进行验证,在获得基本热环境特征基础上,重点对壁面催化、襟翼激波/边界层干扰热环境特征进行了详细研究。同时,IXV 气动热环境研究还发展了热环境数据库技术,建立了用于热防护设计的气动热环境数据库,并开展了相应的不确定度评估工作。

4.2　输　入　条　件

4.2.1　再入轨迹

气动热环境研究中,再入轨迹是重要的输入参数。区别于航天飞机再入走廊防热轨迹设计,新型升力式再入飞行器一般采用蒙特卡洛打靶仿真进行防热轨迹设计。再入轨迹设计综合考虑大气参数、再入目标点误差以及气动等各种偏差影响,各种偏差随机组合条件下仿真获得的最大参考热流轨迹为最大热流轨迹,获得的参考热载最大轨迹为最大热载轨迹。最大热流轨迹热环境数据是确定热防护方案的主要依据,最大热载轨迹热环境数据则为热防护材料尺寸设计主要依据。基于偏差轨迹设计,热环境设计输入应包含时间、轨迹高度、速度、攻角、侧滑角、大气密度、大气温度、大气压力参数。

IXV 气动热研究基于 3 条再入轨迹:

(1) 标称再入轨迹,总体方案设计阶段用于提供 CFD 基准计算工况,详细设计阶段为飞行过程中的最优化再入轨迹;

(2) 最大热流轨迹,采用蒙特卡洛打靶仿真分析获得的最大热流再入轨迹,参考点为飞行器端头驻点区域;

(3) 最大热载轨迹,采用蒙特卡洛打靶仿真分析获得的最大热载再入轨迹,参考点与最大热流轨迹一致。

IXV 大攻角再入,采用常值 45°攻角剖面。

最大热流及最大热载防热设计再入轨迹如图 4-1 所示。

气动热环境具体研究过程中,无论是数值分析还是测热试验,一般热环境特性表征都基于马赫数/雷诺数,设计中需要依据标称轨迹输入参数进行相应转换,以选择相应能力

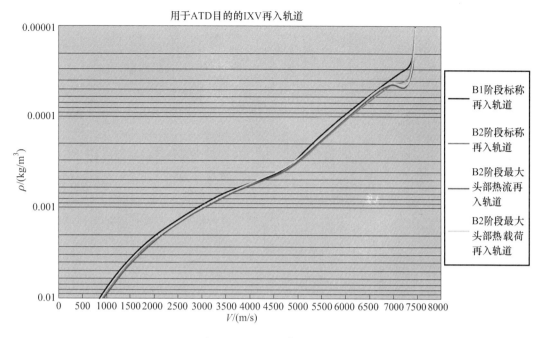

图 4-1 防热设计再入轨迹

的风洞以及 CFD 分析工具。图 4-2 为标称轨迹条件下飞行雷诺数与马赫数对应曲线，IXV 测热试验及 CFD 计算主要依据选取的典型 Ma-Re 组合工况开展工作。

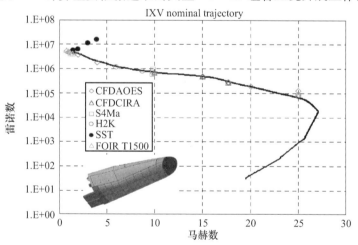

图 4-2 IXV 标称轨道的飞行雷诺数随马赫数变化

4.2.2 襟翼偏转范围

IXV 气动热研究基于两种不同的最大正向襟翼偏转剖面进行设计：

（1）依据方案设计阶段飞行质量生成的偏转剖面；

（2）依据详细设计阶段飞行质量生成的最新剖面。

不同研制阶段襟翼偏转范围如图 4-3 所示。马赫数 15 以上飞行区间内，详细设计阶段襟翼最大偏转角度约为 12°，较方案设计阶段最大减小 2.5°。

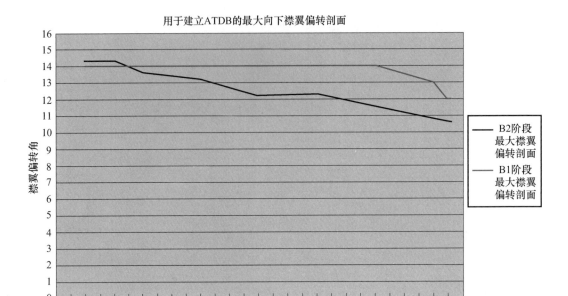

图 4 - 3　ATDB 襟翼偏转基线

4.2.3　侧滑角范围

IXV 气动热研究中对飞行过程侧滑角的影响进行了考虑。不同飞行阶段采用了不同最大侧滑角范围：

（1）方案设计阶段飞行质量条件下侧滑角范围为 ±11°；

（2）详细设计阶段飞行质量条件下最新侧滑角范围为 ±6.7°。

4.3　研　究　方　法

4.3.1　CFD 研究

1. 主要工具

IXV 热环境 CFD 研究由 EADS Astrium 公司负责,德宇航、意宇航等多家单位参与,涉及的工具及特点如表 4 - 1 所示。

表 4 - 1　IXV CFD 热环境主要研究工具及方法

数值工具	工具特点	应用	所属机构
H3NS 代码	结构化网格;层流/湍流;过渡分离区;真实气体模块	基本气动热数据库的建立;真实气体效应研究;粘性干扰效应研究;襟翼激波边界层干扰研究;数据库不确定度研究	意宇航
Tau 代码	非结构化网格,适于分离过渡区流动求解	襟翼激波边界层干扰研究	德宇航

数值工具	工具特点	应用	所属机构
3C3D 代码	采用欧拉方程与边界层耦合求解,欧拉方程求解基于有限体积法	襟翼激波边界层干扰研究	Astrium
CFD + +	商业代码	CFD 方法对比	罗马大学
LORE	有限体积	CFD 方法对比,针对襟翼激波边界层干扰研究	欧空局/先进操作及工程服务公司

1. CIRA 研究工作及 H3NS 代码

用于开展 IXV 气动热力学分析的最重要数值代码是 CIRA 的 H3NS 代码,气动热环境数据库建立主要基于该工具。该代码采用基于密度的、块结构化的有限体积法来求解雷诺平均 N – S 方程,其中通过单元居中的通量差分二阶类迎风格式求解对流项。粘滞通量利用经典的中心差分格式计算。利用显式多级龙格 – 库塔算法和源项的隐式迭代进行时间积分。H3NS 代码具有串行和并行两个版本。气体模型有多种选择,可以在理想气体、平衡气体和热 – 化学非平衡气体假设下进行适当地建模。H3NS 中有不同的双方程 $k - \varepsilon$ 湍流模型,可用于涡流黏性计算,IXV 热环境数值分析中使用了具有压缩性效应修正的 $k - \varepsilon$ 湍流模型。

自 2006 年底以来,CIRA 气动热力学和航天推进实验室负责开展一系列数值模拟,旨在研究 IXV 在飞行(阶段 B1 和 B2, $M_\infty = 10.0, 15.0, 17.7$)和风洞(冯·卡门研究所 Longshot 风洞, $M_\infty = 14$,阶段 B2)条件下的热环境特性。表 4 – 2 为 H3NS 代码主要 CFD 数值试验矩阵列表,其中"Eq."表示热化学平衡,"Neq."表示热化学非平衡,"PG"表示理想气体,"lam"表示层流状态,"transHL"表示襟翼铰链线处的转捩,"turb"表示完全湍流状态。雷诺数基于飞行器长度 L,对于全飞行器外形该长度为 4.4m,风洞模型中为 0.2m (1:22 比例)。

表 4 – 2 IXV 再入飞行和风洞条件主要 CFD 数值
试验矩阵列表(雷诺数基于飞行器长度 L)

M_∞	$Re_{\infty,L}$	h/km	p_∞/Pa	T_∞/K	条件
10.0	6.79×10^5	52.1	61.19	267.8	FL, transHL, turb, Eq.
≈14.0	$1.34 \sim 2.67 \times 10^6$	—	—	—	VKI-LongShot 风洞, lam, transHL, turb, PG
15.0	4.86×10^5	58.7	26.30	250.6	飞行, transHL, turb, Eq., Neq
17.7	2.68×10^5	64.6	11.51	234.2	飞行, transHL, turb, Eq.

上面 CFD 试验列表中确定的数值模拟工作,可归为以下几类影响:攻角和侧滑角变化影响、襟翼偏转变化影响、湍流的影响、雷诺数的影响、马赫数的影响、热化学非平衡的影响以及不对称襟翼结构的影响。飞行模拟中假定表面辐射平衡,辐射系数 $\varepsilon = 0.80$。

数值模拟使用了三种几何构型:纵向对称情况下的半机身,考虑侧滑影响的对称全机身和纵向情况下的非对称全机身(左右襟翼偏转不同)。对于左右襟翼偏转不同模型,假

定偏转角为 δ_e 时襟翼起升降副翼的作用,偏转角为 δ_a 时襟翼起副翼的作用,则右襟翼偏转 $\delta_{right} = \delta_e + \delta_a$,左襟翼偏转 $\delta_{left} = \delta_e - \delta_a$。

计算网格划分重点关注不同形态的激波捕捉能力。图 4 - 4 给出了网格分块的实例,其中清楚地显示了表面和对称平面网格,以及底部和襟翼区域的拓扑结构。半机身结构的计算单元数量约为 230 万,分布在 118 个不同的块内。

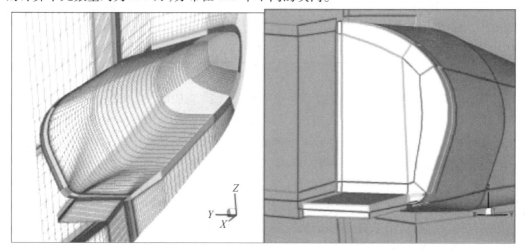

图 4 - 4 表面和对称平面网格(左);底部和襟翼区域的拓扑结构(右)

CFD 初步评估阶段旨在确定数值结果对物理模型(黏性、层流、湍流)和网格尺度的敏感性。在此之后,优化所选的数值预测策略(物理建模和单元数量),实现结果准确度和耗费资源经济性之间的折中。

IXV 再入过程中包含复杂的流动现象(强弓形激波、激波与激波干扰、激波边界层干扰、底部流、通过襟翼之间缝隙的溢出流和机身尾部膨胀),数值模拟难度很大,尤其是在仅需进行简化数值评估的项目初始阶段。实际计算分析过程,首先进行流场初解的建立,该过程采用实际的远场和壁面边界条件。在详细求解过程中,针对头部激波层捕捉作网格自适应处理,以克服头部周围的数值振荡(即"红斑"现象)。

CFD 不确定性研究重点针对热化学动力学模型、运输系数以及转捩等进行了考虑。在热化学动力学模型方面,开展了一些气体模型灵敏度分析:包含化学非平衡模型、热化学平衡模型以及理想气体模型;此外,在马赫数为 25 和 17.7 时,也进行了一些化学反应速率模型灵敏度的分析。为了保证运输系数具有适当余量,对粘度和热导率的模型进行了一些灵敏度分析,并开展了热环境量值的灵敏度分析。在湍流和转捩方面,方案设计阶段热环境数据,根据 NASA/航天飞机标准,假定粗糙元件位于头部/迎风侧交界处,从而采用较早的层流到湍流过渡策略;对于详细设计阶段热环境数据,根据 NASA/航天飞机标准确定层流至湍流过渡,假定头部端头接合处粗糙高度较小。

4.3.2 风洞试验

1. 主要风洞

IXV 测热试验研究中应用到了欧洲高超声速主力风洞,提供不同任务剖面特点的热环境数据特征,对 CFD 工具进行验证,涉及的风洞及特点如表 4 - 3 所示。

表 4 – 3　IXV 测热试验主要工具及特点

风洞	特点	应用	所属机构
Longshot 风洞	炮风洞,流场介质为氮(或二氧化碳)	获取马赫数范围14～15 热环境数据	冯·卡门试验室
高焓激波风洞 HEG	活塞驱动激波风洞,焓值 22～23MJ/kg	获取速度范围 2000～6500m/s 真实飞行条件下热环境数据,襟翼偏转热环境数据	德宇航
H2K 风洞	直流暂冲式风洞,异型喷管	获取马赫数 8.7 时低、中、高雷诺数条件下热环境数据	德宇航

2. 冯·卡门研究工作及 Longshot 风洞

冯·卡门研究所负责开展一系列实验性测试工作,以定义冷高超音速状态下气动热数据库。在冯·卡门研究所自由活塞 Longshot 风洞($Ma = 14 \sim 15$)开展了一系列试验工作。Longshot 风洞为炮风洞,如图 4 – 5 所示,活塞由驱动气体沿一个长 27m 和直径 7.5cm 的管道推动,以便将被驱动气体压缩至 4000bar 的压力。

驱动气体是压力为 300～1000bar 的室温氮气,管道长 6m、直径 12.5cm。驱动管道内的气体初始压力在 1～15bar 范围内变化,温度为室温。活塞重 1.5～9kg,通过驱动管端部的铝质隔膜维持不动。当隔膜破裂时,活塞被释放,并被加速到 600m/s 的速度水平。

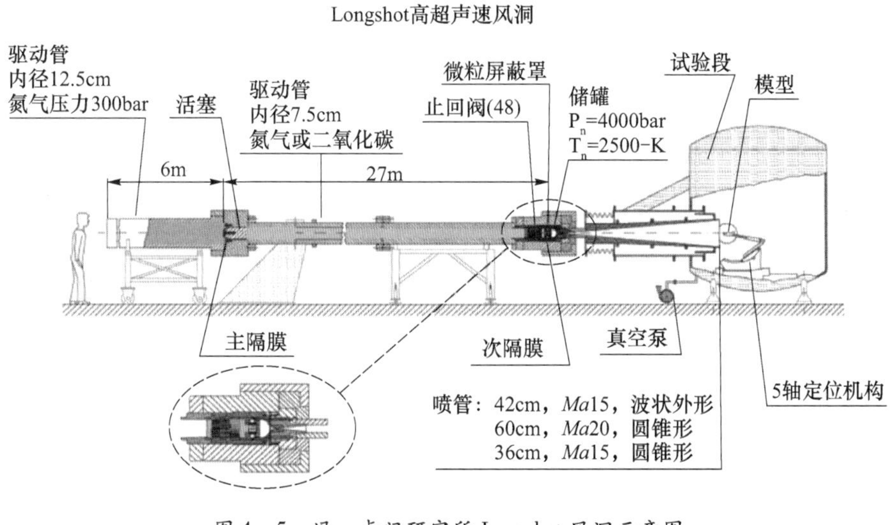

图 4 – 5　冯·卡门研究所 Longshot 风洞示意图

试验气体可以是氮气或二氧化碳。储罐内压力高达 4000bar,温度低于 2500K,从而可产生高雷诺数。然后,气体膨胀通过波状喷管可达到 $Ma15$。等速流动可保持大约 20ms。模型位于喷管的出口处,通过六自由度定位机构支撑。光学入口允许进行纹影测量。

Longshot 风洞试验通过局部测量确定模型迎风面(包括侧面)、偏转襟翼、底部以及头部的表面热流密度。该风洞包含三种不同试验条件,即"低""中"和"高"雷诺数,可研究层流、转捩和湍流不同流态下模型表面热环境特性。表 4 – 4 给出了三种试验条件下的主要流动特性。雷诺数基于基准长度 L(200mm)。

表 4 - 4　试验条件

	p_inf/Pa	rho_inf/（kg/m³）	T_inf/K	U_inf/（m/s）	雷诺数
低雷诺数	142.2	0.01108	43.2	1877	1.37E+06
中雷诺数	173.4	0.01527	38.2	1790	2.03E+06
高雷诺数	228.8	0.01944	39.6	1848	2.58E+06

因为 Longshot 风洞可开展在高雷诺数（$Re = 2.5 \times 10^6 - 20 \times 10^6 \mathrm{m}^{-1}$）试验,因此该风洞可用于襟翼分离区转捩和激波边界层干扰研究。试验中设计一系列允许的攻角、侧滑、襟翼偏转范围和整个雷诺数范围下对热环境进行了研究。其中在专门的湍流效应研究（强制转捩）试验中,安装了一个有效的边界层转捩阻绊装置。具体测量方面采取纹影照相和定性红外热成像技术,以获取大面积热流密度数据用于研究分析。

Longshot 风洞试验中 IXV 模型缩比为 1:22,基准长度为 200mm。模型配备压力传感器和热电偶。模型材料的热特性尽可能接近热电偶,从而壁面可被视为半无限体,并可以计算热流密度。模型材料为不锈钢 X17U4。在模型机身上盖顶部开口,以允许支撑件和电缆通过。

襟翼厚度较小（5mm）,需要使用特殊的热电偶。这里使用的 10 个热电偶较短,同时为了节省内部安装空间导线从沿轴垂直方向伸出。襟翼内部为空腔结构以便所有导线通过,该方式对襟翼两侧不会造成任何扰动。空腔利用合成树脂粘结剂密封。

转捩装置选取适当尺寸的砂粒,砂粒通过油漆粘到模型上。转捩带高度依据含粗糙度的边界层转捩预示准则初步确定。该风洞试验从众多转捩准则中选择了 Reshotko 标准,一方面可应用于分布式粗糙区域转捩特性研究,另一方面适用于升力体类构型转捩分析。图 4 - 6 显示了 Reshotko 转捩准则应用于 IXV 三种试验条件的结果。

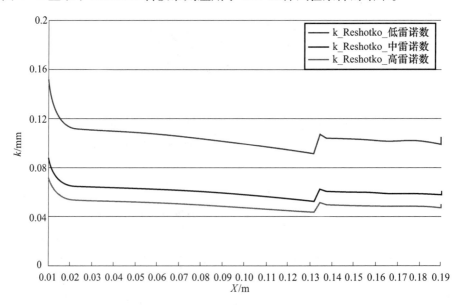

图 4 - 6　由 Reshotko 标准得出的转捩带高度

分布式粗糙区粘接于头部之后 17%~25% 的区域（参见图 4 - 7）。Reshotko 准则显示,在该区域,无论测试条件如何,大于 0.12mm 的阻绊装置都将引发转捩。为了确保在任何情况下都发生转捩，试验中粘接了 0.15mm 高的阻绊装置。但是，对于低雷诺数试验，这些装置无法产生转捩，需采用 0.4mm 高装置。

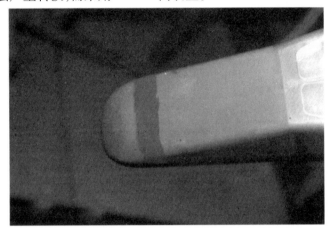

图 4 - 7　IXV 模型上的阻绊装置

测量设备方面，在模型左侧安装了 36 个热电偶，右侧安装了 9 个压力传感器，如表 4 - 5 所示。

表 4 - 5　传感器安装

特征部位	左侧	右侧
	热电偶	压力传感器
头部区域	4	2
迎风面	12	4
背风面对称平面	2	—
侧面	5	—
襟翼	10	2
底部	3	1

具体安装要求，压力传感器所有轴均垂直于模型外形，热电偶安装轴线互相垂直（允许略微倾斜 ±15°）。热电偶嵌入式安装在模型壁面上，不会对模型外形面连续性产生影响。对于压力传感器，模型壁面开孔尺寸为 0.8mm。图 4 - 8 所示为装备测量仪器模型的总视图。

该试验研究中模型中使用的压力传感器均是美国科莱特公司的微型压力传感器（XCQ093）。压力变化范围为 5 ~ 50PSI，具体量程选取取决于传感器在模型上的安装位置。

嵌入式安装的同轴热电偶用于测量 Longshot 风洞中 IXV 模型的瞬态表面温度。所用的热电偶为"E"型热电偶，由镍铬合金/铜镍合金材料配对组成，灵敏度约为 68μV/℃，响应时间在微秒范围。

在冯·卡门研究所 Longshot 高超声速风洞开展的这一系列试验中，共有 30 次试验。攻角范围为 35° ~ 50°，侧滑角范围为 0 ~ ±8°，襟翼偏转角范围为 5° ~ 20°，同时雷诺数也是按照一定范围变化。

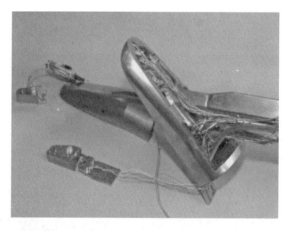

图 4 - 8 装备测量仪器模型的总视图

实际试验过程中流场特性主要受雷诺数影响。对于低雷诺数,气流保持为层流;对于高雷诺数,模型末端发生过渡流;而对于中雷诺数,45°攻角时为转捩流,35°攻角时为层流。当使用转捩阻绊装置时,阻绊装置后的气流完全为湍流。在再附着区域,层流只能在襟翼偏转角为5°或10°、攻角小于或等于45°的低雷诺数情况下出现。

飞行器头部热环境预示非常关键,驻点区域承受非常高热流密度;襟翼在正向偏转条件下由于激波分离/再附影响也承受较高热流。采用同一归一化参考热流,头部区域无量纲热流密度可以达到1.4,襟翼无量纲热流密度值则大于2,尤其在侧滑条件下局部襟翼无量纲热流值高达2.8。对于襟翼,气动加热关键区域是靠近铰链线的外缘角(TFW01)。试验过程中,靠近襟翼处测得的热流密度也表现出类似高热流。该区域热流测量点数虽然较少,但从物理规律上分析热流密度局部较高的现象看起来是符合实际物理规律的。

试验模型流动特征的关键区域是飞行器头部和襟翼区域。对于头部区域的流动拓扑结构相关研究较多,但对襟翼周围的复杂流场则研究较少。某些情况下,襟翼上存在激波边界层干扰、喷流冲击襟翼情况下的激波/激波干扰,同时襟翼周围存在强涡流。试验过程中对机身和襟翼的压力系数分布进行了研究。在驻点位置得到压力系数的预期最大值($C_P = 1.8$),襟翼上得到值将近2.5。

4.3.3 CFD/测热试验相互校验

冯·卡门研究所针对 Longshot 风洞系列测热试验,开展了 13 次 CFD 试验矩阵数值分析(表 4 - 6),以实现测热试验与数值分析间的相互交叉验证,并对试验过程中所研究的各种复杂物理化学效应进行理论确定。冯·卡门研究所 Longshot 试验气体为理想气体。其中,NT 表示自然转捩,FT 表示人工转捩。

表 4 - 6　VKI 风洞条件下的 CFD 试验矩阵

#	马赫数	雷诺数(FT/NT)	结构	$\alpha/°$	$\beta/°$	$\delta_e/°$	$\delta_a/°$	流状态	风洞运行编号
WT01	13.98	低 NT	半机身/对称	45	0	5	0	层流	1569
WT02	14.05	低 NT	半机身/对称	45	0	10	0	层流	1570/1574

#	马赫数	雷诺数 （FT/NT）	结构	$\alpha/°$	$\beta/°$	$\delta_e/°$	$\delta_a/°$	流状态	风洞运行编号
WT03	14.14	低 NT	全机身/对称	45	8	5	0	层流	1593
WT04	14.18	中 NT	半机身/对称	35	0	10	0	层流	1592
WT05	14.2	低 NT	半机身/对称	50	0	10	0	铰链线处转捩	1591
WT06	14.07	低 NT	半机身/对称	45	0	15	0	铰链线处转捩	1572/1573/1576
WT07	14.16	低 FT	半机身/对称	45	0	5	0	湍流	1600
WT08	13.95	低 FT	半机身/对称	45	0	10	0	湍流	1599/1603
WT09	13.98	低 FT	半机身/对称	45	0	15	0	湍流	1602
WT10	14.39	高 FT	半机身/对称	45	0	20	0	湍流	1595
WT11	13.91	低 NT	半机身/对称	45	0	20	0	铰链线处转捩	1568/1606
WT12	13.93	低 NT	全机身/非对称	45	0	17.5	2.5	铰链线处转捩	1607
WT13	13.9	低 NT	半机身/对称	45	0	20	0	层流	1597/1604/1605

图 4-9~图 4-11 分别从襟翼周围表面摩阻系数分布,以及 $Y=0.4\text{m}$ 截面的热流密度和压力系数纵向分布等方面,比较了飞行条件($M_\infty=15$, $Re_{\infty,L}=4.86\times10^5$)模拟和风洞条件($M_\infty=14$, $Re_{\infty,L}=1.34\times10^6$)模拟结果。需要注意的是,此处给出的所有结果都对应全飞行器尺寸,即试验测量(及相应 CFD 分析)结果转化到全飞行器坐标系上。对于两种模拟,状态统一为 $\alpha=45°$, $\beta=0°$ 和 $\delta_e=15°$,同时层流至湍流的转捩施加于襟翼铰链上。从定性角度来看,飞行条件在流动特性和表面热流分布特性方面一致:图 4-9 中可以看到两者分离区结构相近,风洞条件分离区较大,主要原因是由于理想气体假设(相对于飞行条件中的平衡气体假设)以及高雷诺数转捩引起的激波边界层干扰组合影响。风

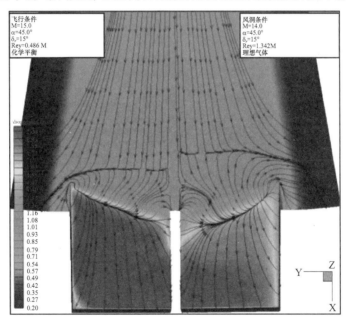

图 4-9 表面摩阻系数的比较——飞行(左)和风洞(右)条件下的数值模拟

洞条件下数值分析热流密度量值较大主要是由于假设固定壁面温度,而飞行中则假设辐射平衡;同时飞行条件下压力系数的值较高是由于相对理想气体建模,化学平衡建模的弓激波更接近实际位置。

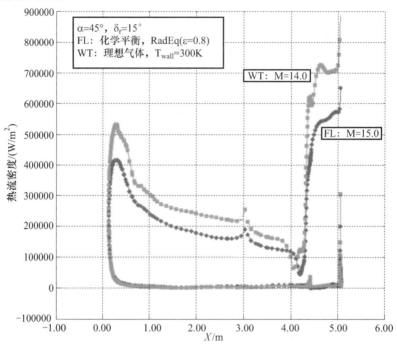

图 4 - 10　Y = 0.4m 的热流密度分布比较——飞行和风洞条件下的数值模拟

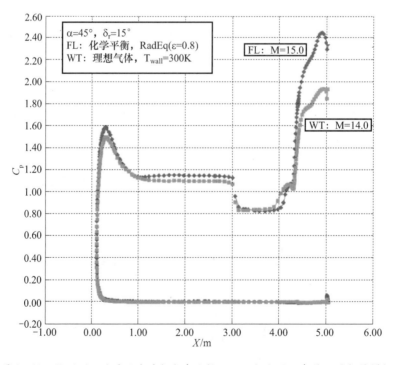

图 4 - 11　Y = 0.4m 处的压力系数分布比较——飞行和风洞条件下的数值模拟

IXV 试验中选择特征位置(参照图 4-12)针对压力和热流密度进行了精确测量,同时从 CFD 仿真中提取了相应位置对应的数值结果,以实现两者之间比较。

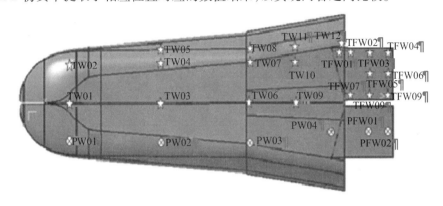

图 4-12 迎风面传感器

图 4-13 提供了 WT06 条件下纹影照片和相应的 CFD 可视化图像,从中可以看出两者在外部流动结构方面存在很好的一致性,具体体现在弓形激波、激波层、迎风侧交界处的膨胀、襟翼区的激波边界层干扰以及襟翼之上多个激波的干扰。两者仅在襟翼上的激波干扰位置上存在很小的差异,其中试验结果显示干扰位置在略微靠近上游的位置。

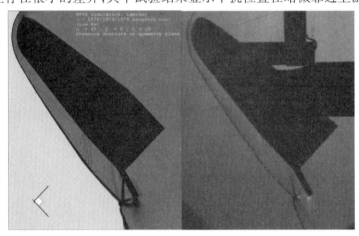

图 4-13 WT06 试验条件($\alpha = 45°$, $\delta_e = 15°$)下的 CFD 可视化图像(左)和纹影照片(右)

在背风面,从压力和热流密度(均在对称平面和截面 $Y = -496.23\text{mm}$)方面来看,CFD 正确评估了侧滑角的影响,如图 4-14 和图 4-15 所示。从压力方面(图 4-16)来看,CFD 也合理表征攻角的影响;而从热流密度方面(图 4-17)来看,CFD 分析结果在攻角影响方面有所高估。

总体来看,尽管转捩带的高度设定得比预测更高,热流密度测量水平显示阻绊装置(强制转捩发生)似乎不能导致层流至湍流的完全转捩(图 4-18～图 4-21),而热流分布则清楚地显示出转捩。

在襟翼上,从压力方面正确再现了攻角和襟翼偏转的影响。襟翼端部的喷流冲击仅有微小差异(见图 4-19),此外,层流模拟低估了襟翼热流密度,铰合线转捩模拟则高估

65

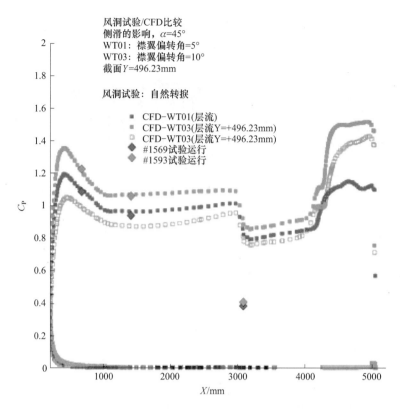

图 4-14　侧滑的影响, 压力系数, $Y = 496.23$ mm

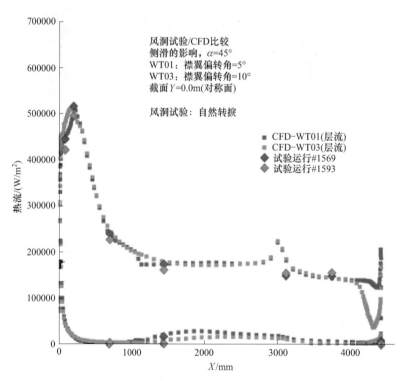

图 4-15　侧滑的影响, 热流密度, $Y = 0.0$ mm

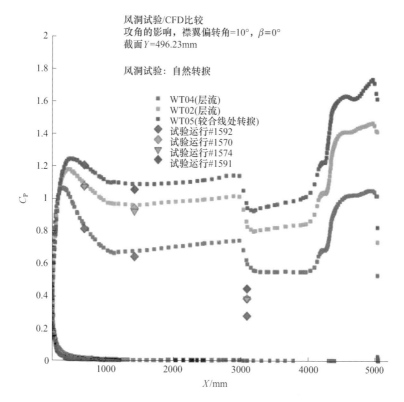

图 4 - 16　攻角的影响,压力系数,$Y = 496.23$mm

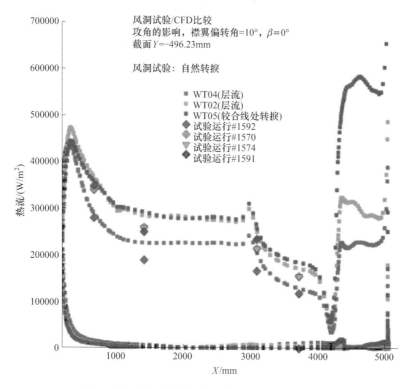

图 4 - 17　攻角的影响,热流密度,$Y = -496.23$mm

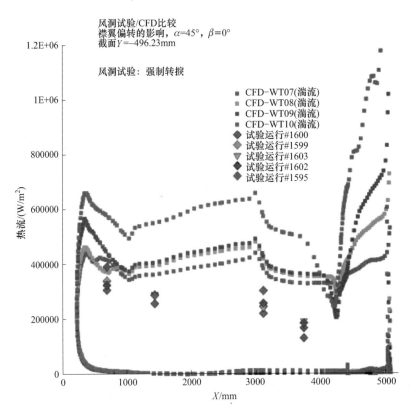

图 4-18 襟翼偏转的影响,热流密度,$Y = -496.23$mm

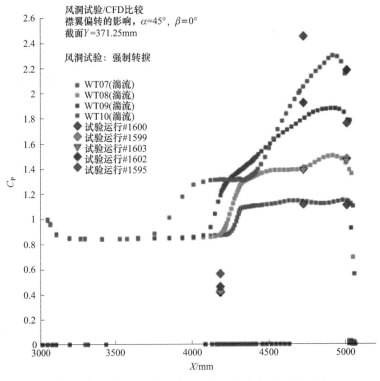

图 4-19 襟翼偏转的影响(湍流),压力系数,$Y = 371.25$mm

了襟翼热流密度(图 4 - 20 和图 4 - 21)。

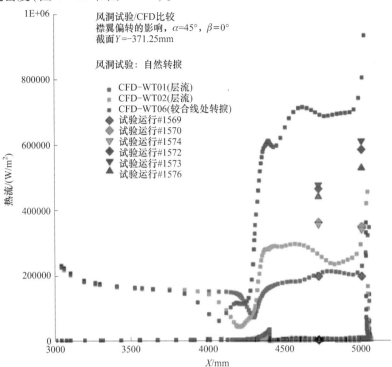

图 4 - 20 襟翼偏转的影响(层流/转捩),热流密度,$Y = -371.25$mm

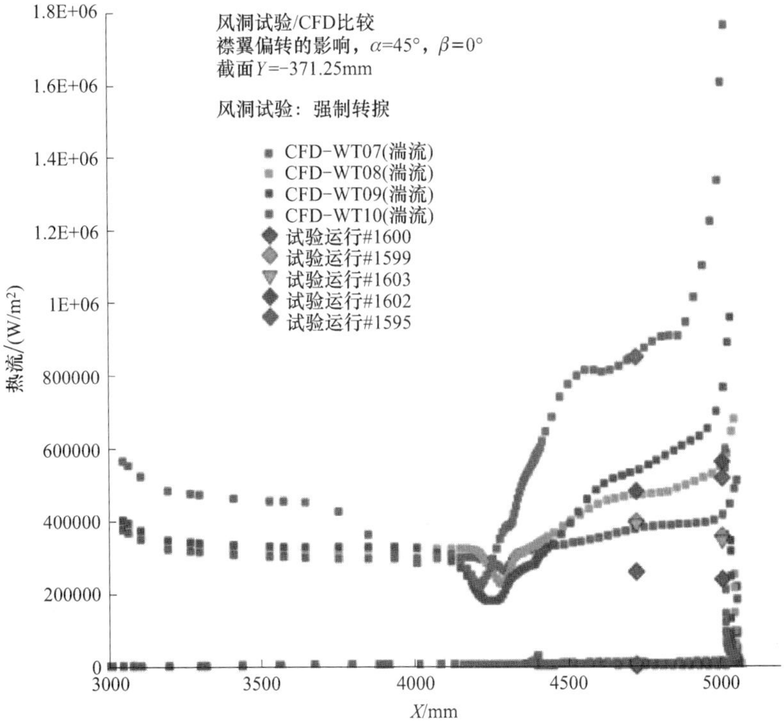

图 4 - 21 襟翼偏转的影响(湍流),热流密度,$Y = -371.25$mm

对于襟翼之前较平的迎风区域（PW03,PW04），所有条件下的测量和计算压力均存在很大差异，如图 4-14 所示。

上述内容主要介绍了 IXV 高超声速气动热力特性的 CFD 模拟（CIRA）及风洞试验（VKI-Longshot）测量研究结果。风洞条件下数值模拟表明，无论是在流动特性还是在表面特性方面，VKI-Longshot 风洞试验工作都可以很好地定性再现飞行条件。

首先，试验结果与计算结果流场结构高度吻合，具体表现在弓形激波、激波层、迎风侧交界处的膨胀、襟翼区的激波边界层干扰以及襟翼上多个激波间干扰结构的一致性。

其次，在侧滑角条件下，CFD 压力和热流密度结果与风洞测量很好地吻合；大攻角条件下，CFD 准确地捕捉了局部压力变化，热流密度模拟较试验测量结果量值有所高估。

4.3.4 气动热环境数据库技术

1. 数据库的建立

在 IXV 气动热环境研究过程中，总共开展 62 项地面测热试验：HEG 风洞开展 11 项，H2K 风洞开展 21 项，Longshot 开展 30 项。整体而言，通过 NS 与 BL 数值计算，以及风洞试验（Wind Tunnel Test,WTT）和飞行条件 CFD 评估，已经成功完成超过 335 次当量半结构 CFD 计算，并用于气动热力学数据库建立。

考虑整个气动热力学工作组织模式，为保证地面至飞行转换的一致性，采用下列转换原则：负责特定 WTT 研究工作的一方，同时也要负责 WTT 典型试验工况的相关马赫数范围内的飞行条件计算。进行对比时，需注意以下几方面：

（1）首先，这种高焓设施的试验数据展现出良好的重复性（两次之间的变化）：热流测量约为 90%，压力测量约为 95%。在高焓设施中，热流测量的实际误差保持在可接受的范围内，同时压力测量的实际误差均小于 5%。

（2）其次，HEG 测试工作未得到所有预期的结果，不可能完全模拟层流结构，也不能得到襟翼分离区过渡区流动结构。相反，实践证明，对于两种测试条件 I 和 IV，模型上呈现过渡流特征（即尚未完全变为湍流，但也不再完全是层流）。虽然在条件 I 下，试验表明在模型的尾部气流重新变为层流（较大气流膨胀角），而在条件 IV 下，气流在整个模型表面均保持过渡流状态。

IXV 热环境数据库建立主要依靠数值模拟及测热试验方法，数值方法与测热试验相互验证，确定了设计工具的正确性。对于局部复杂干扰区热环境研究，利用测热试验获得了主要特征参数的影响规律，并且通过数值模拟方法对主要规律进行了合理地复现。IXV 详细设计阶段考虑了真实气体效应及激波/边界层干扰局部加热问题，其局部简化模型的细化研究技术思路对我国开展相关高超声速飞行器气动热研究具有重要借鉴意义。

1）关于真实气体效应

目前，IXV 热环境研究是建立在风洞试验基础上的。对于目前再入轨道，虽然与美国 LENS 系列高焓激波风洞尚存在一定差距，但像 DLR 的 HEG 高焓风洞还是具备了真实气体效应模拟能力（焓值在 20MJ/kg 以上），风洞来流条件与气体组分相比真实飞行条件较为接近。

2）关于表面催化效应

在飞行器从地球低轨道再入大气层时，面对着严酷气动加热和高温表面条件，通过头激波进入激波层的高温气体，分子组分的大部分产生分解，生成原子氧和原子氮，在达到表面时受到飞行器表面高温催化的作用(即化学反应助推作用),可能达到再复合。由于再复合要释放附加热,这要增大整体热载荷,这就是表面催化对于气动加热的影响。为了安全设计可重复使用非烧蚀的热防护系统,在流场和壁温的设计计算中,通常认为壁面是完全催化的。但是,空天飞行器的发展对飞行重量的苛刻要求,使得热环境设计朝更加精细方向发展,壁面催化特性影响也是真实热环境设计中需要考虑的。通过IXV该方面研究,对于大攻角轨道再入飞行器,迎风区域非催化壁面热流量值约为完全催化壁面的50%,迎风面部分催化解更接近完全催化解;对于飞行器横侧,则部分催化解更接近非催化解;部分催化壁面和完全催化壁面之间热环境结果的差异一般较小(头部区域除外)。

3)关于襟翼激波/边界层干扰问题

IXV针对襟翼复杂干扰区热环境进行了大量的测热试验及数值模拟,通过两种方法互相较验以获得最终数据。需要指出的是,IXV在该问题研究上更多地对边界层转捩进行了关注,设计中考虑到了在较高飞行高度襟翼更早发生转捩的问题,通过风洞试验确定了适用于襟翼区域的转捩准则,更加准确地预示了襟翼区域热环境。对于我国相关型号项目,对于控制舵高热流风险区域,除了对单纯层流/湍流干扰问题进行研究外,还需科学预计转捩区的出现。

2. 数据库特征

IXV通过大量数值分析与测热试验研究,建立了完整的热环境数据库,包括再入过程中热流时间历程、压力、剪切应力以及热载荷时间历程。

为了设计符合任务目标的IXV系统,项目研制过程中采用了两种不同类型的气动热数据:

"初期"数据(用于确定总体相关数据),仅从飞行任务功能性方面确定总体相关数据,以确保再入到回收过程中飞行器的安全性能,飞行安全概率为99%,置信度为90%。不考虑气动热模型假设引起的数据偏差。

"最佳估计"数据,飞行器防热系统设计输入条件,为热防护系统试验确定边界,验证飞行试验验证目标。

图4-22~图4-24给出了目前飞行器上3个不同区域IXV气动热环境数据的一些图解说明,包括机身前部、机身尾部和襟翼区域。

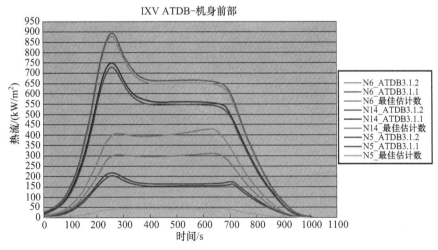

图4-22 机身前部辐射平衡热流时间历程

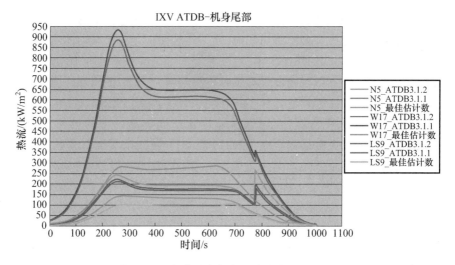

图 4 - 23　机身尾部辐射平衡热流时间历程

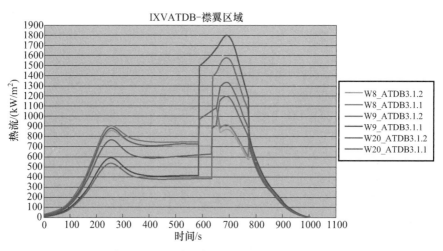

图 4 - 24　襟翼区域辐射平衡热流时间历程

4.4　典型气动热问题研究

4.4.1　壁面催化效应

1. 问题概述

壁面催化效应严重影响飞行器表面气动加热量值。通过 CFD 仿真对这些效应进行模拟仍是一个具有挑战性的难题,它是气动热环境设计中最重要的不确定性源之一。IXV 底端安装一对襟翼,其襟翼偏转角(δ)可以在飞行过程中变化。舱体表面由涂有不同材料的面板组成,面板上的涂料具有不同的壁面催化性能。图 4 - 25 所示为不同催化率面板分布。

IXV 计划的总体目标是研究催化性能并对 CFD 热环境分析不确定性进行量化,最终通过建立气动热环境数据库实现该目标,包含飞行环境和风洞试验数据。本节介绍并分析了 IXV 项目机身热环境分析中涉及的几种数值模拟方法,重点是对不同壁面催化性模

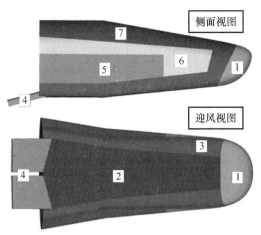

1—端头；2—迎风侧；
3—侧翼；4—襟翼；
5,6—侧面；7—背风侧，底座区域

图 4 – 25　IXV 机身分区结构

型对温度场的影响进行分析。

　　2. 研究方案

　　1）物理模型

　　本节分析的所有情况，将空气假定为处于化学非平衡的 5 种物质（N_2，N，O_2，O，NO）构成的混合气体。化学动力学建模使用著名的 Park 模型。具体而言，通过该模型涉及的化学反应见表 4 – 7，其中 M 表示所述第三体，以及前向反应常数 k_{f_j} 的系数 $\nu_{i,j}^f$ 和 $\nu_{i,j}^b$，并通过阿列纽斯公式计算：

$$k_{f_j} = C_j T^{n_j} e^{-\frac{\theta_j}{T}} \tag{4-1}$$

表 4 – 7　Park 85 模型的化学反应和固定比率

序号	反应前进方向	$k_f/(\mathrm{cm^3/mol \cdot s})$	组分
1	$N_2 + M \rightleftharpoons 2N + M$	$3.7 \times 10^{20} T^{-1.6} e^{-1.13 \times 10^6/T}$	O_2, NO, N_2
2	$N_2 + M \rightleftharpoons 2N + M$	$11.1 \times 10^{21} T^{-1.6} e^{-1.13 \times 10^5/T}$	N, O
3	$O_2 + M \rightleftharpoons 2O + M$	$2.75 \times 10^{19} T^{-1.0} e^{-5.59 \times 10^4/T}$	O_2, NO, N_2
4	$O_2 + M \rightleftharpoons 2O + M$	$8.25 \times 10^{19} T^{-1.0} e^{-5.59 \times 10^4/T}$	N, O
5	$NO + M \rightleftharpoons N + O + M$	$2.3 \times 10^{17} T^{-0.5} e^{-7.55 \times 10^4/T}$	O_2, NO, N_2
6	$NO + M \rightleftharpoons N + O + M$	$4.6 \times 10^8 T^{-1.97} e^{-7.55 \times 10^4/T}$	N, O
7	$NO + O \rightleftharpoons O_2 + N$	$2.16 \times 10^8 T^{-1.29} e^{-1.97 \times 10^4/T}$	
8	$N_2 + O \rightleftharpoons NO + N$	$3.18 \times 10^{13} T^{0.1} e^{-3.8 \times 10^4/T}$	

　　通过 Gupta – Yos 模型模拟混合气体的输运性能，因此，每种化学物质的热导率通过以下公式得到：

$$\mu_i = e^{E_{\mu i}} T^{A_{\mu i}(\ln T)^3 + B_{\mu i}(\ln T)^2 + C_{\mu i}(\ln T)} \tag{4-2}$$

$$k_i = e^{E_{ki}} T^{A_{ki}(\ln T)^3 + B_{ki}(\ln T)^2 + C_{ki}(\ln T) + D_{ki}} \tag{4-3}$$

上述表达式的系数对于 $1000\mathrm{K} < T < 30000\mathrm{K}$ 有效,每种气体组分物性参数见表4-8和表4-9。

表4-8　Gupta-Yos-Thompson 模型的黏度常数(1000~30000K)

化学物质	$A_{\mu i}$	$B_{\mu i}$	$C_{\mu i}$	$D_{\mu i}$	$E_{\mu i}$
N_2	0.0	0.0	0.0203	0.4329	-11.8153
O_2	0.0	0.0	0.0484	-0.1455	-8.9231
N	0.0	0.0	0.0120	0.5930	-12.3805
O	0.0	0.0	0.0205	0.4257	-11.5803
NO	0.0	0.0	0.0452	-0.0609	-9.4596

表4-9　Gupta-Yos-Thompson 模型的热导率常数(1000~30000K)

化学物质	A_{ki}	B_{ki}	C_{ki}	D_{ki}	E_{ki}
N_2	0.0418	-1.2720	14.4571	-71.9660	122.5745
O_2	0.0776	-2.5007	30.1390	-160.1758	307.3634
N	0.0	0.00	0.0169	0.5373	-12.8682
O	0.0	0.00	0.0319	0.02485	-11.6657
NO	0.0263	-0.8130	9.4203	-47.6841	79.4139

气体混合物的黏度和热导率通过 Wilke 法则计算,而通过混合物中 i 类化学物质的扩散系数 D_{im} 能够通过恒定的施密特数($S_c = 0.5$)进行计算。

在非平衡反应流内,每种化学物质的质量分数由偏微分方程进行计算。这些边界条件的建模是项关键问题,因为它涉及表面和气体之间的化学作用。壁面能对气体中的化学反应进行催化,也可能不对气体中的化学反应进行催化。对于某一特定反应,表面的催化性能处于两个极限之间:①非表面催化就是壁面上的反应速率可忽略;②完全表面催化就是壁面以无限速度进行反应。表面的催化性能在热流密度中起着重要作用。事实上,在原子重组过程中释放的部分化学能可以直接转化为飞行器表面的热。出于这个原因,如果壁面附近的气流处于非平衡状态,壁催化性增强的同时,壁面上的热流密度也将增大。

在数值模拟中,要考虑3种不同类型的催化壁面条件:

(1)完全壁面催化;

(2)非壁面催化;

(3)部分壁面催化。

在完全催化壁面中,i 类化学物质在壁面(y_{iw})上的质量分数由下式得到

$$y_{iw} = y_{i,eq}(p_w, T_w) \qquad (4-4)$$

其中,$y_{i,eq}$ 是与壁面压力和温度对应的平衡质量分数。非催化壁面边界条件利用以下公式计算

$$\nabla y_i \cdot n = 0 \qquad (4-5)$$

其中,n 为表面标称单位矢量。

在部分催化壁面上,反应以有限的速度进行。原子重组过程可以通过重组系数(也

74

称为催化性系数）进行模拟。原子类的催化效率就是重组原子流量和入射原子流量之比：

$$\gamma_i = \frac{Atomic\ collisions\ effective\ in\ recombination}{Total\ number\ of\ atomic\ collisions} \tag{4-6}$$

催化效率既取决于温度，也取决于表面材料。催化效率的范围在 $\gamma_i = 0$（非催化壁面）至 $\gamma_i = 1$（完全催化壁面）之间。

本书分析的所有数值模拟，选取典型飞行条件，参数列于表4-10中。

表4-10　典型飞行条件

M_∞	p_∞	rho_∞	AoA	δ
17.7	11.51 Pa	$1.7115 \times 10^{-4}\ \mathrm{kg/m^3}$	45	15

2）网格生成

网格生成是再入流体模拟中最关键的问题之一。事实上，求解质量和计算成本都与计算中所使用的网格相关。因此，就要花费大量精力找到合适的网格生成策略，从而保证得到与求解质量和计算成本对应的折中结果。关键要素有两个：

① 网状拓扑结构能够在关键区域（迎风面、弓形激波和襟翼区域）进行网格加密；

② 激波区域的网格适应技术。

（1）网格拓扑结构。机身四周的计算域被分为多个块体，在这些块体中产生结构化网格。本计算所用的拓扑结构将计算域分割为10个网格块。由于所有试验情况中需要分析的气流都是针对 IXV 纵向对称平面，所以该块体拓扑结构仅考虑 IXV 一半的几何结构。图4-26显示了一些网格细节和块体拓扑结构，而表4-11总结了每个块体的单元数量和细微网格的单元总数。

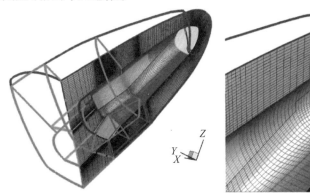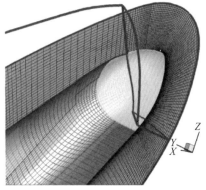

图4-26　块拓扑结构和非适用网格

表4-11　块和细网格的单元格

块	单元数	单元总数
块-2	$96 \times 16 \times 96$	147456
块-3	$48 \times 80 \times 32$	122880
块-4	$48 \times 96 \times 80$	368640
块-5	$48 \times 280 \times 64$	860160

块	单元数	单元总数
块 – 6	24 × 192 × 64	294912
块 – 7	56 × 144 × 64	516096
块 – 8	96 × 72 × 64	442368
块 – 9	48 × 96 × 64	294912
块 – 10	48 × 96 × 64	294912
总单元	—	3383296

由于机身表面被分割为具有不同催化性质的面板,每个面板由网格坐标线作为界,以便正确地应用壁面上的催化边界条件。

（2）网格适应过程。使用商用网格生成器（ICEM）生成了图4 – 27所示的网格。该网格唯一的特点是壁面附近有单元聚集。具体而言,壁面上第一个单元的高度（Δh）在整个机身表面可能从0.1mm（头部区域）变为0.2mm。襟翼表面上的 Δh 值大约减小到0.04mm,而在襟翼前缘上存在一个宽区域,其 Δh 线性变化范围在0.2 ~ 0.04mm。

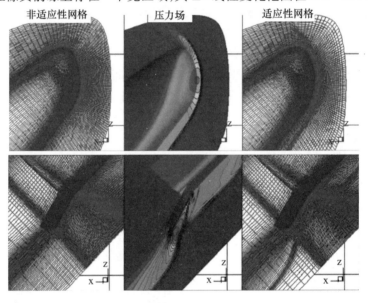

图4 – 27　非适用网格和适用网格

对网格得到的数值解进行后期处理,以使网格适应激波区域。具体而言,研发出的网格适应性程序,通过压力场变化程度在激波区上将网格单元聚集以及将网格单元的边与激波对齐,从而改变了壁面上正常坐标轴上的节点分布。图4 – 30所示为压力场如何对原始网格进行修改。网格适应性方法只对出现强激波的块体起作用。此外,该方法不会明显改变边界层内的原始单元分布。事实上,只有激波层外层区域的节点和激波层以外的节点向激波方向移动。

3）数值格式

使用商用编码CFD + + 7.1.1 版本进行数值模拟。采用4GB内存的双核XEON计算机和8GB内存的双核Opteron计算机进行模拟。至少在3种不同的网格上对每次试验进行计算:3 种网格分别为粗略的非适应网格、细致的非适应网格和细致的适应网格。目的是通过将细致网格上的凸点去除得到粗略网格,用于粗略模拟计算。将自由流速度降低为 1/100,以其作为初始脉冲进行粗略模拟初始化。随后,自由流速度不断增大,直到达到合适的值。通过粗略计算的插值进行非适应网格的精细计算。随后,对求解结果进行后期处理,生成适应性网格。最后,在细致的适应网格上进行计算。所有的模拟都以双精度进行,当动量残差的 3 个分量都降低至少三个数量级时,终止运行。该条件将保证求解收敛。为了提高稳态解的收敛速度,采用了隐式时间积分以及一个特殊的积分策略。具体地说,在最初的 100 次迭代中,CFL 数从 0.1 增加到 10。此外,对于前 200 次迭代,积分具有一阶精度,然后从一阶精度转化为二阶精度。最后在每个时间积分中,将一个特殊的平滑滤波器应用到局部时间域。

3. 结果分析

通过计算具有不同催化壁面条件的 3 个数值解,对催化壁面模型进行了灵敏度分析。其中的两个数值解通过完全催化壁面和非催化壁面得到,最后一组数值模拟通过使用部分催化壁面的模拟完成。在这种情况下,通过假设每个表面面板的原子重组效率相同,对催化壁属性进行建模。具体来说,除了侧面的 $\gamma_i = 0.004$,其余所有表面面板 $\gamma_i = 0.04$。部分催化壁面不能使用更复杂和更精确的模型的原因是 CFD++ 代码建模的约束和限制。

图 4-28 展示了 3 个不同数值解得到的机身表面热流密度分布之间的定性比较。完全壁面催化和非壁面催化提供预测的较大差异与强化学非平衡有关,这种强化学非平衡控制了边界层内的气流。在这种气流条件下,壁面催化性起着重要作用,因此表面催化性的正确建模成为一个关键问题。

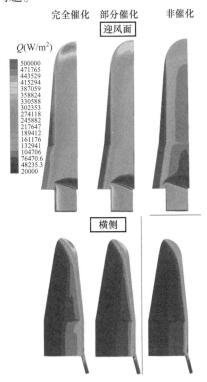

图 4-28　表面热流密度分布:迎风面和横侧

当然,本节开始提到利用部分催化壁面模型得到的解对热流密度得出的估值,处于非催化和完全催化预测限定的范围之内。尽管如此,在迎风面部分催化解更接近完全催化解,而在横侧更接近非催化解。

通过图4-29可以进行更为定量的分析,其中显示了沿两个纵向平面($Y=0,Y=0.3$)的表面热流密度分布。迎风区域非催化壁面热流量值约为完全催化壁面的50%。部分催化壁面和完全催化壁面之间热环境结果的差异一般较小,只是在头部区域更明显。

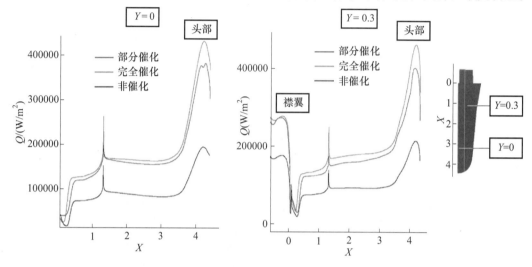

图4-29 沿$Y=0$和$Y=0.3$平面的表面热流密度分布

图4-30显示了沿驻点线的温度、N和O的浓度分布。在边界层外部,不同壁面模型得到的数值解之间的差异非常小,但边界层内在温度和质量分数差异都变得很大。图4-30清楚地显示,如果壁面为非催化,氧在壁面上完全离解,反之在完全催化壁面情况下,氧完全重新组合。在这种情况下,氮的质量分数变化比较小,但在其他任何情况下都很大。壁面上化学物质浓度的巨大差异直接导致了不同壁面模型中所提供热流密度和温度估值较大的变化。

4.4.2 激波/激波干扰效应

1. 问题概述

已有公开发表的文献中针对高超声速流动中不同类型的激波/激波干扰进行了定性的描述,激波相互作用会对飞行器表面气动加热产生严重影响。IXV襟翼偏转局部存在复杂波系干扰,引起局部较大热增量。除了进行相应数值模拟工作外,IXV项目研制过程中在DLR的HEG高焓激波风洞开展了系列测热试验,对襟翼在不同攻角、不同偏转范围条件下热环境特性进行了详细研究,以支撑其数据库的建立。本节重点对HEG风洞开展的相关襟翼附近激波干扰效应进行介绍。

2. 研究方案

高焓激波风洞HEG为间歇工作的落压式风洞,可以实现长达30s的持续测量。该风洞具有5个可换异形喷管,出口直径为600mm,马赫数包括5.3、6.0、7.0、8.7、11.2。为了避免空气冷凝,风洞设备在高临界温度下运行,且在上游安装5MW容量的电加热器。

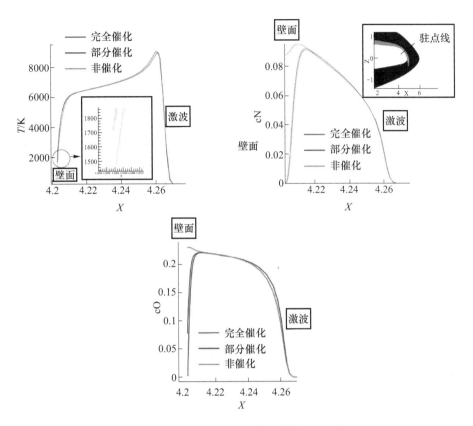

图 4 – 30　沿驻点线的温度和质量分数分布

单位雷诺数范围为 $2.5 \times 10^{6} \sim 20 \times 10^{6}/m$。HEG 风洞试验能力与 IXV 轨道点间对应关系如图 4 – 31 所示。

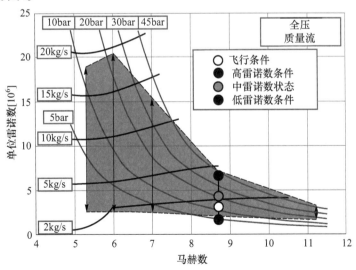

图 4 – 31　高超声速风洞 H2K 性能图,包括 IXV 轨道点

　　模型缩比为 1∶17.6,采用背支安装,迎风侧向上,见图 4 – 32。该模型设计能够研究端头周围和沿迎风侧的无扰流,并导致襟翼区域边界层干扰的减少。试验过程中使用了

偏转角为 5°、10°、15° 和 20° 的不同组的襟翼。

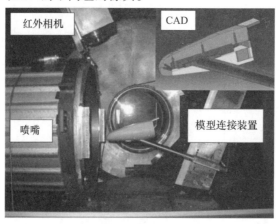

图 4 - 32　HEG 风洞内试验模型

测量过程中使用了红外(IR)相机 ThermaCAMSC3000,其成像率为每秒 60 帧,对长波红外范围(8 ~ 9 μm)敏感。为了获得最大观测范围的最佳视角,IR 相机被安装在试验舱内喷嘴出口的上方,测试过程中试验舱抽真空。因此,红外相机被集成在一个具有锗窗口的加压箱内。该装置需要对整个光路进行标定,以精确评估穿透率。标定时采用具有确定发射率的黑体辐射器。除了红外测量外,通过嵌入式安装在模型表面不同位置的 12 个热电偶("K"型),获得流场对模型温度影响的定性分析。

具有长测试时间的放空设施引起辐射效应和壁面温度上升,这使得推导风洞模型上的热流率更加复杂。为了减少横向热传导,通常厚壁模型采用低热导率材料。一般情况下,采用这些材料时,必须考虑随温度变化的材料特性。所采用的热流评估需要一种先进的方法,从固体体积单元上热能平衡开始,导致一维非线性热传导方程。

$$\frac{\partial T}{\partial t} = a_{(T)} \frac{\partial^2 T}{\partial y^2} + b_{(T)} \cdot \left(\frac{\partial T}{\partial y}\right)^2 \qquad (4-7)$$

其中,T 为温度,t、y、$a(T)$、$b(T)$ 分别为时间、空间变量、随温度变化的热扩散率和温度依赖系数。已知随温度变化的材料特性,如聚醚醚酮(PEEK)的特性,该方程可以通过显式有限差分法求解。所确定的热流分布通常以斯坦顿数分布的形式给出,以便与其他测量活动和 CFD 数据进行比较。

$$St = \frac{\dot{q}_c}{\rho_\infty V_\infty c_p (T_R - T_W)} \qquad (4-8)$$

斯坦顿数包括对流热流率 $\dot{q}_c$、密度 ρ_∞ 和速度 V_∞ 的上游条件、热容量 c_p,模型 T_W 的壁面温度和恢复温度 T_R,定义为 $T_R = r \cdot T_0$,储存温度 T_0 和恢复因子 $r = 0.95$。

3. 结果分析

IXV 襟翼偏转条件下局部热流出现大幅度增加。图 4 - 33 所示为不同攻角条件下斯坦顿数纹影图像。35° 攻角条件下襟翼区域未出现激波相互作用的迹象;对于 $\alpha = 45°$ 的情况,襟翼后缘附近出现了高附着热流,相对于驻点加热,局部热流因子达到 2 左右,相应的纹影图像显示激波相互作用导致的干扰;$\alpha = 55°$ 情况下发现襟翼前面呈多重激波结构,由于攻角和襟翼偏转角较大,模型表面上的激波相互作用诱导了若干扰动,从而导致局部热流大幅度增加,且高热流区在横向方向上沿两个襟翼的铰链线扩展,并到达襟翼周围主模型的外部,热流峰值接近驻点区 2.1 倍。

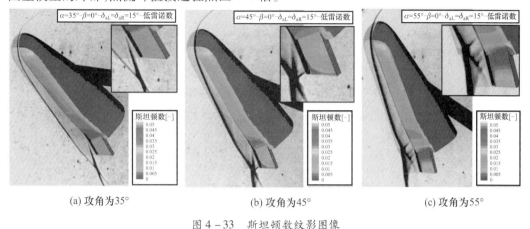

(a) 攻角为35°   (b) 攻角为45°   (c) 攻角为55°

图 4 - 33   斯坦顿数纹影图像

在襟翼区,存在 3 种主要的激波相互作用。例如,图 4 - 34 显示了 $\alpha = 35°$ 情况下襟翼附近更详细的激波相互作用。激波干扰中包括飞行器头部弓形激波(BSV)、襟翼上游分离区域前方的撞击弱分离激波(SS)以及铰链线附近的再附激波(RS)。在 $\alpha = 35°$ 攻角条件下,可以看见从激波相交处产生的剪切层(SL)。这种相互作用结构似乎与 VI 类激波相互作用相当。VI 类激波相互作用最初由埃德尼从斜激波和弓形激波相互作用分析中提出,从第一楔/锥体发出的激波撞击到第二楔/锥体发出的更具可比性的激波系统,到达 IXV 结构的襟翼附近。

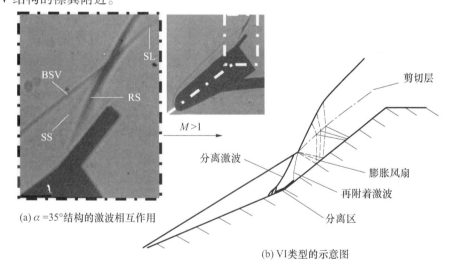

(a) $\alpha = 35°$结构的激波相互作用   (b) VI 类型的示意图

图 4 - 34 $\alpha = 35°$结构的激波相互作用及 VI 类型的示意图

$\alpha = 35°$ 情况下,15°襟翼偏转角的激波相互作用,与 $\alpha = 45°$ 情况下,小于 15°襟翼偏转角的所有结构的激波相互作用相当。因此,对于具有特定襟翼偏转角的结构,相对独立于流入雷诺数的小于或等于 55°的流入方向,无法确定进一步的干扰(见图 4 - 35)。

此外,在更高的绝对襟翼角度下,在纹影图像上可以观察到更复杂类型的激波相互作用结构,见图 4 - 36(a)。与双锥形几何形状激波相互作用相比,其可确定为 V 类激波相互作用。

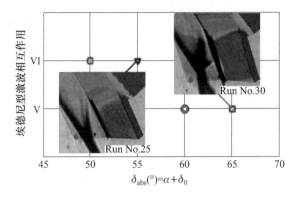

图 4-35　IXV 激波相互作用类型总结

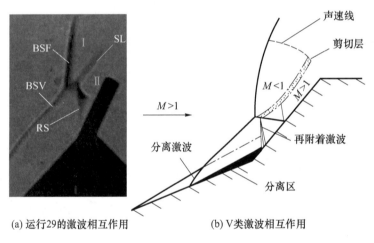

(a) 运行29的激波相互作用　　　(b) V类激波相互作用

图 4-36　运行 29 的激波相互作用及 V 类激波相互作用

　　图 4-36(a)中,模型的弓激波(BSV)与偏转襟翼前的弓激波(BSF)相交,并发出第三个激波,再附着(RS)连接前两个激波的交叉点,产生第二个交叉点。分离激波太弱,无法在图中显示。在两个交叉点之间,产生一个剪切层(SL)。激波结构的这种变化发生的原因是,控制舵表面角度的增大以及襟翼前(I)接近正激波(BSF)后压力的上升。由于剪切层的作用,襟翼表面(II)上的气流压力也提高。因此,襟翼上再附着激波本身不再足够,进一步的压缩发生在所发出的干扰处。对于相对于流入方向襟翼偏转角在 60°和 65°范围内的模型结构,这种干扰部分撞击在襟翼的表面上(图 4-35)。可以观察到自由流雷诺数对干扰位置的依赖关系,但没有确定具体的趋势。

　　在攻角 $\alpha=55°$ 条件下(图 4-33(c)中),当绝对襟翼角度超过 65°时,激波相互作用再次发生变化。由于激波相互作用附近流场的复杂性,特别在 $\alpha=55°$ 攻角条件下,通过开展精确测量技术分析,即粒子图像测速仪(PIV)测量,或精确数值模拟可以有助于对该物理现象更加深刻地理解。

4.4.3 TPS 凸台干扰效应

1. 问题概述

飞行器再入时,表面承受高热流,需要精心设计防热系统保证再入返回安全。实际设计中将防热系统安装在飞行器机体上,然而不同 TPS 材料层间的台阶与间隙带来的干扰效应可能引起局部热环境升高。为了避免局部过热现象,需要对这些区域的热环境量值进行仔细评估。研究工作的重点是在 ONERA 的 S3MA 风洞中对 2 种飞行器构型(如图 4 - 37 所示)进行试验。在飞行器迎风面上,第一种构型(如图 4 - 38(a)所示)显示出 8 层 3mm(对于整个几何形状,0.205mm 用于风洞模型)的台阶高度。台阶切入飞行器的"光洁"表面内,因此这种构型的飞行器被称为"台阶向下"。面对台阶可以看到流体向后流动。

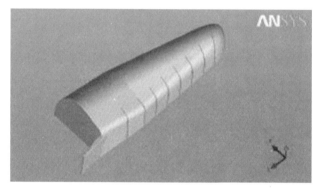

图 4 - 37 迎风面上具有台阶的 IXV 构型

在飞行器迎风面上,第二种构型(如图 4 - 38(b)所示)显示出 8 层 1mm 的台阶(对于整个几何形状,0.068mm 用于风洞模型)高度。台阶凸出飞行器的"光洁"表面,因此该构型命名为"台阶向上"。面对台阶可以看到气流向上流动。对于这 2 种构型,每一层始于与高度相同的厚度,终止于厚度为零的下一层。

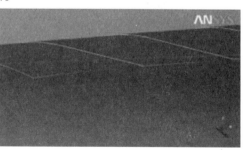

(a) 台阶向下   (b) 台阶向上

图 4 - 38 台阶向上和台阶向下的构型

这 2 种构型拥有对称的襟翼偏转角 $\delta = 10°$。对 2 种构型的分析工作已经开始,并考虑到了所有关于几何形状的细节。

2. 研究方案

在 ONERA 的 S3MA 试验设施内,进行了 IXV 1:14.66 缩比尺寸模型的较高超声速流域的风洞试验。CFD 模拟复现了这些试验,尤其需要关注 2 种构型,即"升高"和"下降",在迎风面上出现一系列向后和向上的台阶。在 TPS 材料不同的防热瓦之间存在台阶。围绕上述构型的气流模拟可用于评估 TPS 凸出部分的影响。

1) 数值方法

数值模拟的求解程序是内部研发的程序 H3NS,基于密度的有限体积方法求解雷诺兹平均纳维尔 - 斯托克斯方程。通过单元中心通量差分迎风格式计算对流条件。大气模型为理想气体模型,或处于热化学非平衡和平衡状态。利用数个版本的 $\kappa-\varepsilon$ 湍流模型执行湍流计算和强加在横向面线的转捩。对于高速流体,模拟中采用的 $\kappa-\varepsilon$ 具有压缩效果修正。求解程序利用了结构化的多程序块网格,利用商用 ANSYS 软件 ICEM-CFD 计算栅格流场。

2) ONERA S3MA 风洞试验

利用 CIRA 的流体求解程序 H3NS,数值模拟 IXV 为 1:14.66 缩比模型。参考 ONERA S3MA 风洞试验规范,试验条件:马赫数 5.4,总温 410K,总压 4.0bar。

首选研究襟翼具有不对称偏转的构型。襟翼偏转角度为 $\delta=10°$,同时另一个襟翼不偏转。马赫数 5.4,雷诺数(基于模型的长度)1.7×10^6,攻角 45°。执行了 2 次模拟操作,1 次假定流体自然转捩(即在襟翼铰合线处流体变为湍流),另一次假定流体湍流始于飞行器端头处。飞行器机体表面温度达 305K。

图 4-39 为 IXV 迎风面上的表面阻力线和压力分布。可能需要注意的是:当 $\delta=10°$ 时,气流附着在襟翼上,当襟翼偏转角达到 10° 时,气流从襟翼面上分离。当转捩固定在飞行器端头处时,分离线沿流向移动了一些。当气流在襟翼的铰合线处经历转捩时,紧邻襟翼出现有小气泡。

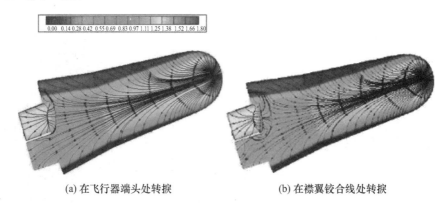

(a) 在飞行器端头处转捩   (b) 在襟翼铰合线处转捩

图 4-39 S3MA 试验重建:飞行器迎风面上压力系数分布和表面阻力线

图 4-40 为襟翼偏转 0° 和 10° 时的热流试验数据。热流密度计算在 IXV 的迎风面部段 $y=0.018m$,基于斯坦顿(St)和雷诺数(Re),表现为无量纲形式,即 $St\times Re^{0.5}$。热流密度显示在飞行器端头处达到极值,随后沿着机体迎风面直到锥形段底部,几乎达到恒定值或趋于降低。对于模拟在端头处的转捩而言,在柱状部件上,热流略微增加,计算转捩发

生在襟翼处,热流很明显降低了。随后在襟翼处出现热流意外增加。转捩发生在端头时,襟翼上的总热载荷较高。正如预期的那样,转捩发生在襟翼上时,出现更高的热流密度峰值。

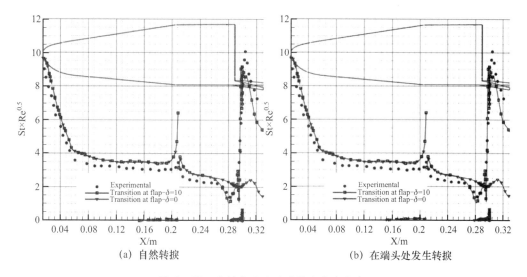

图 4 - 40　马赫数 5.4 时的热流密度分布

注:在部段 $y = \pm 0.018(\mathrm{m})$;·表示试验数据,$-\square-$ 表示襟翼偏转 $\delta = 10°$,$-\nabla-$ 表示 $\delta = 0°$。

数值分析与试验结果取得了较好的一致性。如果发生自然转捩,沿着机身,数值模拟结果略微低估了试验值,同时需要注意的是,对于襟翼,数值模拟结果略微高于试验值。当假定流体完全处于紊流状态时,利用 H3NS 求解程序取得的模拟结果和试验值具有令人满意的一致性。由于使用了释放装置,很明显在试验数据中出现有峰值。关于圆锥区段,数值数据非常好地复现了试验热流密度,而对于圆柱部段和上游襟翼,数值模拟数据未能很好地复现试验热流密度。特别是在分离区域(如图 4 - 39 所示)目前尚无试验数据用于端头处的转捩。襟翼上的热载荷高估出大约 35%。

转捩位置处的影响十分明显,尤其是在飞行器主体和襟翼上。当流体在端头处转变为湍流时,热载荷变得更高,飞行器迎风面增加约 25%。对于偏转为 0°的襟翼而言,热流密度几乎翻倍,而 $\delta = 10°$ 时,热流密度增加约 50%。

3. 结果分析

重点针对马赫数 5.4,雷诺数(基于模型长度)1.63×10^6,$\alpha = 45°$ 条件下"台阶向下""台阶向上"和"光洁构型"3 种外形进行热环境分析,评估 IXVTPS 台阶影响。

图 4 - 41 为迎风面上部段 $y = 0.018\mathrm{m}$ 处,光滑表面热流密度与试验数据相比较的示意图。通过在 IXV 表面上施加 2 种温度进行模拟。在 $T_\mathrm{W} = 370\mathrm{K}$ 的模拟中,与试验数据取得了较好的一致性,仅仅是低估了襟翼前的底部部件。而在 $T_\mathrm{W} = 305\mathrm{K}$ 的模拟中,很好地复现了飞行器襟翼前的底部热载荷,但模拟估算值高于实际的试验数据。

飞行器 3 种构型迎风面斯坦钝数的分布比较见图 4 - 42。热流密度数值具有相同的数量级。局部过热出现在每块壁板的起始处,并且有向构型外部(那里曲率增加)增加的趋势。"台阶向下"的构型还显示出襟翼上的热载荷增加。图 4 - 43 为详细的比较,图中

85

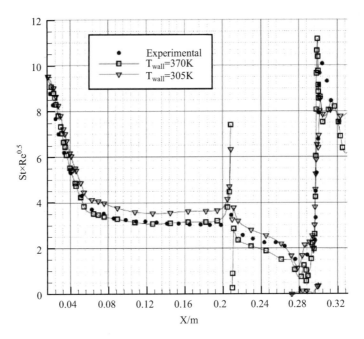

图 4-41　光洁构型在部段 $Y = 0.018$m 处热流密度

注：·表示试验值；– ∇ –：$T_W = 305$K；– $\square$ –：$T_W = 370$K。

变量 $St \times Re^{0.5}$ 计算的是迎风面部位 $Y = 0.018$m 处的数据。同时还记录下试验数据。需要注意的是：在数值模拟中，防热系统凸出部分的影响可能非常明显，远远超过试验数据。对于带有突起的构型，且构型具有 8 层台阶，数值模拟结果的不连续性十分明显。对于"台阶向下"构型，已经得到热载荷的最大值。"台阶向下"型的热流密度沿着壁板增加。而对于"台阶向上"的构型，则热流密度趋于沿着壁板减少。

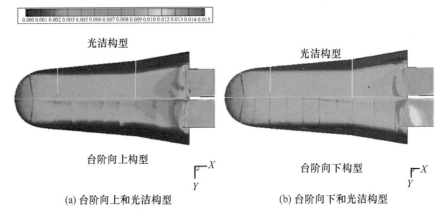

(a) 台阶向上和光洁构型　　　　　　　(b) 台阶向下和光洁构型

图 4-42　光洁、台阶向上、台阶向下迎风面上斯坦顿数分布

　　在试验数据中，襟翼上的热载荷无明显改变。相反，在数值模拟中，特别是在"台阶向下"构型中的 $T_{wall} = 305$K 显示在襟翼上热流密度适当地增加了。而值得关注的是：对于"台阶向上"的构型，襟翼上的热流密度低于"光洁"构型襟翼上的热流密度。

86

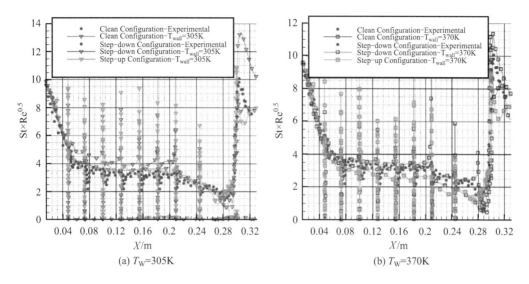

(a) $T_W=305K$ (b) $T_W=370K$

图 4 – 43 TPS 上的凸起在部段 $Y=0.018(m)$ 处的影响

注:·:表示"光滑表面"的试验数据; – :"台阶向下"构型; – :"台阶向上"构型;□:$T_W=370K$;▽:$T_W=305K$。

图 4 – 44 为围绕在向后和向上台阶周围的流体特征,还示出了单块壁板表面阻力线和斯坦顿数分布。所有构型显示:气流向飞行器的背风面运动。分离区出现在沿着"台阶向下"构型的向后台阶。在台阶与飞行器和飞行器背风面的连接处形成鞍点。相反,"台阶向上"构型显示:飞行器背风面的壁板存在非常薄的分离区。当台阶高度趋于 0时,该区域趋于消失。

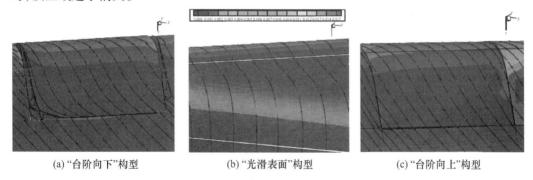

(a)"台阶向下"构型   (b)"光滑表面"构型   (c)"台阶向上"构型

图 4 – 44 整块壁板表面阻力线和斯坦顿数分布

参考文献

[1] Tran P, Dormieux M, Fontaine J, et al. FLPP IXV Re-entry vehicle, hypersonic aerodynamics characterization, ESA SP – 659, January 2009.

[2] Neeb D Gülhan A, Cosson E, et al. An experimenttal study on aerothermal heating of the IXV configuration during re-entry. The 6th European Symposium on Aerothermodynamics for Space Vehicles, 3 – 6 November 2008.

[3] Cosson E, Soler J, Pierre V, et al. Characterization of the aerothermal environment of the IXV experimental vehicles by means of WTT and CFD. The 6th European Symposium on Aerothermodynamics for Space Vehicles, 3 – 6

November 2008.

[4] Roncioni P, Ranuzzi G, Marini M, et al. Experimental and numerical investigation of aerothermal characteristics of the IXV hypersonic vehicle. The 6th European Symposium on Aerothermodynamics for Space Vehicles, 3 – 6 November 2008.

[5] Paciorri R, Onofri M, Cardillo D, et al. Numerical assessment of wall catalytic effects on the IXV surface. The 6th European Symposium on Aerothermodynamics for Space Vehicles, 3 – 6 November 2008.

[6] Catalano P, Benedetto S D, Rufolo G, et al. RANS analysis of TPS protusions of the ESA IXV vehicles. IAC – 13 – 2.6.6, 2013.

第5章 IXV热防护与结构设计

5.1 概　　述

IXV热防护和结构设计分为两部分:热防护和结构。

热防护主要指飞行器迎风面和背风面热防护、端头、舵面、天线窗等,用于抵御外部严酷的热环境,防止飞行器内部结构、单机设备等温度超出可承受范围,确保飞行器在整个再入过程中结构的完整性。

结构主要指飞行器主结构,为热结构、单机设备等提供安装连接。飞行器的结构需要承受飞行阶段的全部载荷,包括发射和降落期间所承受的载荷。结构方案采用典型的框架/隔框和纵梁结构,结构上下壳与气动外形相近,并开设有相应的开口,用于安装天线、传感器等。

IXV热防护和结构关联耦合度高,在具体设计过程中采用一体化设计,充分考虑各自的设计需求。

(1)热防护和结构的设计方案充分考虑了不同材料的物性参数引起的影响,如在不同温度梯度下,热防护和结构的热膨胀导致的结构尺寸变化。

(2)热防护具体方案还需要考虑其他的需求,如天线、传感器的安装,以及装配流程、起吊支撑翻转等需求,这些都要在设计时综合考虑。

(3)热防护在设计方案选取方面充分借鉴现有的技术成果以及其他类似型号的技术,确保技术的成熟度和可靠性。

(4)热防护在具体设计方案中还重复考虑成型工艺、现有设备等制约因素。

(5)热防护厚度选择一方面是确保飞行试验的成功,留有足够的余量;另一方面该厚度也保证了热防护连接方案设计有足够的尺寸开展。

5.2　热防护设计

5.2.1　热防护设计思路

IXV热防护设计需要考虑以下因素:

(1)飞行器外部热环境;

(2)热防护材料技术成熟度;

(3)热防护制备工艺;

(4)热防护安装连接;

(5)热防护承受的力学环境条件。

基于上述因素,IXV热防护设计采用了以下思路:

（1）采用成熟的成型工艺和经过严格考核的热防护材料；

（2）热防护安装工艺要满足总装厂和发射场工作流程的需求；

（3）以飞行器外部温度场分布将飞行器进行区域划分，在不同的温度区域采用不同的热防护材料；

（4）各种开口和密封要预先考虑。

5.2.2　热防护方案

IXV 热防护系统的目标是在典型的飞行环境中试验可用于下一代运载器的热防护备选方案，飞行试验涵盖：

（1）陶瓷基复合材料（CMC）；

（2）金属热防护结构（TPS），表面防护柔性隔热毡（SPFI）和柔性外部隔热毡（FEI）；

（3）隔热、附件、连接、密封件（静态和动态）；

（4）金属及 CMC 附件系统和金属/CMC 连接件。

通过对比热防护和高温结构材料最大承受温度与 IXV 在具体控制点所承受的最高温度，确定热防护及高温材料的尺寸。依据分析结果，IXV 早期热防护设计选择以下布局方案：

（1）端头和襟翼采用陶瓷基复合热材料；

（2）背风面和底部侧面根据热载荷，从上到下分别采用 FEI 1000、650 和 450 柔性外部隔热毡，侧面的低温部分采用金属热防护结构；

（3）对于迎风面：

① 不同尺寸的碳/碳化硅瓦（前部或高温迎风面、尾部或低温迎风面）；

② 碳/碳化硅前缘（固定安装的热结构类型或防热瓦类型）；

③ 一组 SPFI 板（尾部或高温侧面）。

IXV 定义的热防护结构区域和类型见图 5－1。

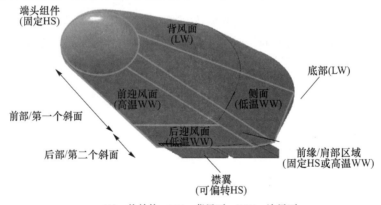

HS—热结构；LW—背风面；WW—迎风面。

图 5－1　IXV TPS 区域定义

IXV 热防护构件见图 5－2，热防护材料在飞行器中的布局见图 5－3。

通过计算，确定热防护不同材料的厚度，使得冷结构机身面板承受的最高温度限制在 165℃以下，蒙皮结构最高温度在 180℃（包含 15℃ 的余量）。

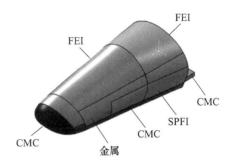

图 5 – 2 IXV TPS 构件　　　　　　　图 5 – 3 IXV TPS 材料

IXV 自 2002 年启动热防护研究开始,热防护系统方案基于材料的演变及发展经历多轮变化。原定于 2013 年进行的欧空局飞行演示的过渡性实验型飞行器 IXV,在准备飞行前,对于全飞行器的飞行试验热防护系统方案进行了重大的修改。除了机端头、襟翼和大面积迎风面的热防护方案仍保留采用 CMC 外,也就是除了欧空局重点考核和攻关的热防护关键部位外,其余部位(包括底部、背风面和侧面)的热防护皆被烧蚀型硅树脂基材料(低密度玻璃微球加硅树脂基)所替换。做出这样的设计方案调整是基于下列原因:

(1) 为了降低成本,因为占有大部分面积的背风面、侧面和底部,采用烧蚀型硅树脂基材料,相对于新研发的柔性隔热毡,成本要低得多;

(2) 采用烧蚀型硅树脂基材料,相对于新研发的柔性隔热毡,抗机械剪切能力强、风险小;

(3) 与研发时间紧张相关的技术风险可以降低;

(4) 为确保飞行成功而达到具有足够的设计裕度。

图 5 – 4 为 IXV 热防护设计修改后覆盖烧蚀型硅树脂基材料区域示意图。根据再入飞行轨道热载荷的预测,烧蚀层尺寸厚度受到冷结构使用温度 160℃限制,不允许超过 175℃的约束。

热结构在机身的布置见图 5 – 5。

IXV 开展热防护结构设计初期,需要考虑一些特殊位置需求(见图 5 – 6)。

① 运载器接口位于飞行器底部,与火箭的机械和电气接口作为 TPS 的特定位置。

② 天线窗位置将取决于飞行器的姿态和地面遥测站的位置。

③ 检修口舱门可进入飞行器内部,执行如 RCS 贮箱加注,电气设备检查等操作。

④ 下降系统舱门 TPS 允许抛掉下降系统门并拉出降落伞。

⑤ 着陆系统舱门允许着陆系统布置气囊或着陆架。

⑥ RCS 小推力发动机附件和排气管穿过 IXV 底部的 TPS,喷管自身具备热防护功能。

⑦ 对于 TPS 和气动热力学试验,测量传感器安装在 TPS 内部。还将引入高温窗用于执行创新型测量。

⑧ 排气系统必须穿过 TPS,用于飞行器的增压和泄压。

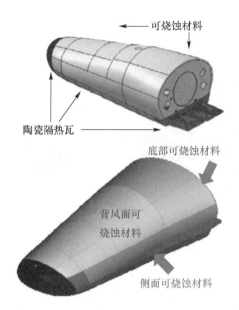

图 5-4 IXV 热防护设计修改后覆盖烧蚀型硅树脂基材料区域示意图

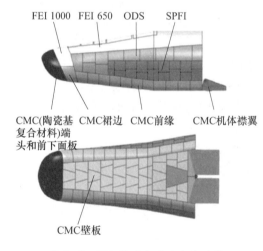

图 5-5 IXV 热防护系统方案设计

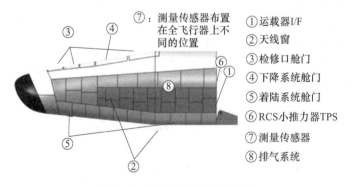

图 5-6 IXV TPS 的特定位置

92

IXV TPS 区域初始温度 35℃, 结构接口最高温度 165℃。对于飞行器 TPS 布局, 其基本厚度如下:

(1) 尾端面和背风面柔性外部隔热毡厚度: 50mm;

(2) 金属 TPS、表面柔性隔热毡厚度: 70mm;

(3) 迎风面和肩部的 C/SiC 板厚度: 120mm。

5.2.3 端头热防护设计

IXV 端头热防护采用一体化设计方案, 如图 5 - 7 所示。端头热防护属于最大(1.3m宽)、最复杂的单片 CMC 部分, 并设计成 8 "瓣" 缝合在一起的碳纤维, 形成完整的空气动力学外形, 16 个支腿脚也缝合在该结构上, 以提供机械接口以及载荷传递。预成型体的厚度为 2mm(空气动力学外形)~7.5mm(空气动力学外形和支腿之间交接区)。端头是通过瑞士 RUAG 航天公司专门设计的一组金属部件(支脚、环和支架)固定在飞行器结构上, 耐火陶瓷纤维制成的内部隔热由金属圆顶支撑。

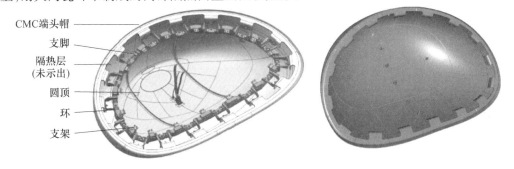

图 5 - 7 端头的组件(左)和 C-SiC 端头(右)

此外, 为收集再入环境的数据, 特别是通过 TPS 层进行压力测量, IXV 需要安装一些传感器。为安装这些传感器, 设计了特定的压力端口接口及带螺纹的 C-SiC 零件(螺钉和螺母), 如图 5 - 8 所示, 其中 8 个将单独集成在端头内(见图 5 - 9), 其他 10 个将被放置在迎风面的不同面板上。

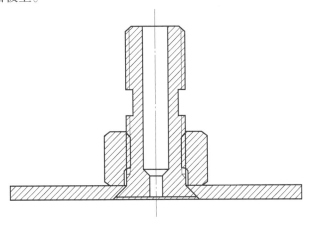

图 5 - 8 C-SiC 压力端口方案

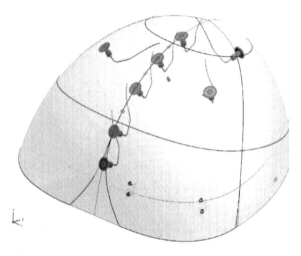

图 5-9 端头上的施压端口

5.2.4 迎风面热防护设计

IXV CMC 的 TPS 技术最初设计用于欧洲"使神号"航天飞机项目,其设计准则如图 5-10 所示。

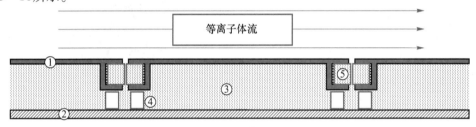

图 5-10 IXV CMC TPS 设计准则

再入过程中与等离子体流接触刚性表面①由刚性、耐高温 CMC 材料(C-SiC)制成,并分为多个面板(或盖板),此刚性表面构成了飞行器的空气动力学表面。该表面由飞行器内部结构②支撑,其下安装了轻质、柔性隔热结构③,以防止内部结构和设备出现过热现象。出于同样的目的,使用特定的隔热支座④固定结构上的热板。最后,纤维密封垫⑤放置在每个面板的周围,以防止高温气体从两个相邻面板之间的间隙流入。

IXV 热防护的研制分为 3 个阶段:概念设计阶段、详细设计阶段和鉴定阶段,其中迎风面和端头热防护开展过程见图 5-11。

概念设计阶段主要是确定初步方案并制造小样件进行试验,验证方案基本可行性。

在详细设计阶段主要是用于端头和迎风面子系统的设计和验证活动,其中包括:

- 调整设计以满足规范的最终要求;
- 专门的热、热力和动态验证分析;
- 若干覆盖不同部件(C-SiC 板、陶瓷内隔热和密封件、金属连接系统)基本特征的开发试验;
- 若干关键问题的验证,如热气体潜行流评估、上升过程中的最大压差,或小尺寸面

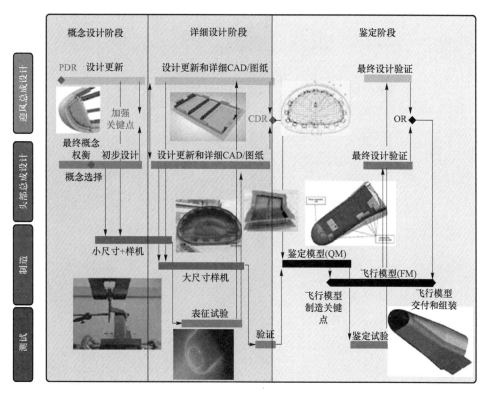

图 5-11　整体 IXV 端头和迎风 TPS 开发过程

板的动态行为；

- 原型 C-SiC 部件的制造。

IXV 装配完成的迎风面包括飞行器的底部表面,此表面被划分成 30 个盖板(参见图 5-12),在中央平坦区域尽可能利用相似甚至相同的面板。由于飞行器的曲率变化,侧面上的面板是特有的,互不相同。

盖板方案具有两种功能：

- 一组具有力学功能(承力外壳、紧固件和支脚)；
- 另一组具有热功能(内部隔热层、密封件和隔热垫圈)。

盖板方案原理如图 5-13 所示。

气动外壳所需的材料必须能够有效地承受外力,并且能够抵抗严苛的热环境,但其导热性特点并不是最重要的。内部隔热和热密封件不需要具有高的力学性能,可以由低密度、柔性和高性能的隔热材料组成。面板与机身结构连接的连接系统必须能够抵抗相当高的温度,能够承受面板所产生的热膨胀,并传递面板和冷结构之间的力学载荷。

盖板设计要求如下：

- 面板的面积不小于 800mm × 400mm 的等效气动面；
- 盖板为非矩形,空气动力学流线和盖板边缘之间夹角不小于 15°,近似几何如图 5-14所示；
- 盖板面密度不大于 15kg/m²,面板本身的重量应小于 2.3kg；
- 盖板固定在结构上,能够承受迎风面最严酷的热流和力学载荷,参考热流如图 5-15

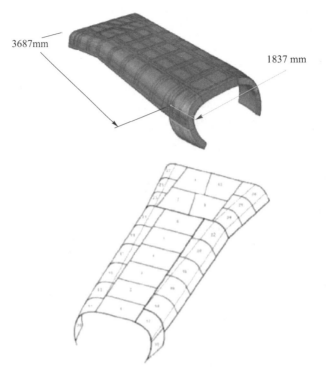

图 5 – 12 IXV 迎风 TPS 整体试图

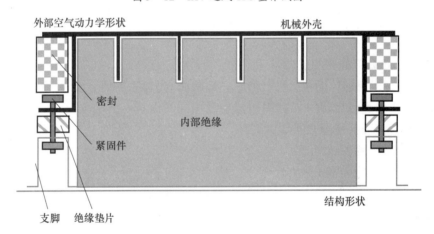

图 5 – 13 IXV TPS 盖板方案原理

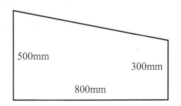

图 5 – 14 IXV TPS 盖板面板空气动力学外形

所示;

• 盖板面上的热流量变化为基准流量的一部分,变化如图 5 – 16 所示,在此流量下,

96

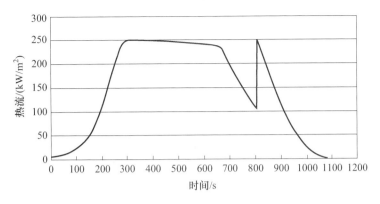

图 5 - 15 IXV TPS 盖板参考热流量

结构温度保持在 150℃。

盖板的力学载荷如下:

- 起飞阶段盖板内侧与外侧之间的压差为 100mbar,再入阶段为 - 100mbar;
- 面板平面内的加速度为 10g,垂直面板平面的加速度为 5g;
- 动力学载荷为面板平面内 15g 静态加速度和垂直面板平面的 10g 静态加速度;
- Ariane5 的声谱;
- 飞行载荷,如结构的热 - 力载荷和变形。

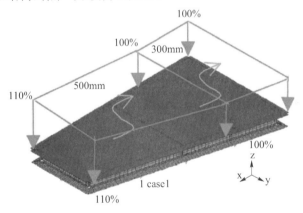

图 5 - 16 IXV TPS 盖板气动外形表面的热流量变化

为了满足上述要求,同时考虑到制造过程,面板的设计见图 5 - 17 和图 5 - 18。

盖板内部设计了 3 个加强筋,通过有限元热结构分析,确定 9 个连接点。此外,2 个相邻面板之间的结构设计需要考虑以下因素:

- 减少台阶和间隙,特别是相对热 - 力学位移导致的间隙;
- 允许外部集成和拆卸的能力。

两盖板界面的方案设计如图 5 - 19 所示。

为了连接面板与飞行器结构,设计了柔性连接系统。该系统能够实现以下功能:

- 将面板通过机械方式连接到结构上;
- 支脚的适应灵活性帮助实现面板与结构之间的膨胀差异;
- 足够的刚度阻止外模线发生较大的变形;

图 5 -17　IXV TPS 盖板面板设计的外观(包括 2 个外壳缝合部分)

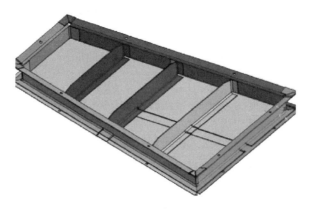

图 5 -18　IXV TPS 盖板面板设计内部视图(带边缘和内部加强筋)

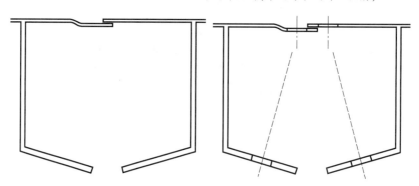

图 5 -19　标准区域(左)和连接点(右)上 2 个相邻盖板之间的连接

- 参与到结构的热防护;
- 通过小孔实现安装和拆卸不会出现零件的丢失现象;
- 载荷从面板向结构传递。

为了满足这些需求,支脚的解决方案具有双轴柔性特征,支脚通过机械方式固定到结构上,同时为减少热传递,增加了隔热垫圈。当零件因温度变化而发生不同程度的膨胀时,弹性垫圈有助于保持正确的紧固。为了满足再入需求,设计了一个系统,在装配前所有垫圈都固定到其中一个零件上(面板、支脚和结构)。连接结构见图 5 -20。

每个盖板包括以下部件(参见图 5 -21):C-SiC 板、耐火轻质材料(纤维和气凝胶)组成的内隔热层、外围纺织材料密封结构和 8 个金属支脚。

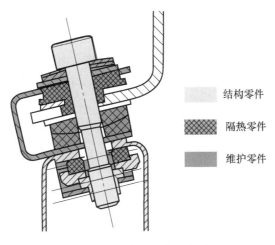

结构零件

隔热零件

维护零件

图 5 - 20　连接结构示意图

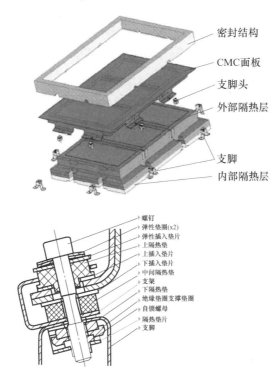

密封结构

CMC面板

支脚头

外部隔热层

支脚

内部隔热层

螺钉
弹性垫圈(x2)
弹性插入垫片
上隔热垫
上插入垫片
下插入垫片
中间隔热垫
支架
下隔热垫
绝缘垫圈支撑垫圈
自锁螺母
隔热垫片
支脚

图 5 - 21　迎风盖板的典型设计(上)及其连接系统(下)

5.2.5　襟翼的热防护设计

1. 襟翼设计方案

IXV 襟翼设计方案充分借鉴和应用了 NASA X-38 和相关计划中研制和鉴定的襟翼组件陶瓷复合材料热结构技术。图 5 - 22 和图 5 - 23 所示为两个对称的襟翼组件,安装在 IXV 的后部,实现再入阶段的主动控制。

襟翼组件及其接口包括以下几部分:

● 一对由 C/SiC 材料制成的控制面(襟翼、左舷和右舷),带有加强盒状设计,有助于

99

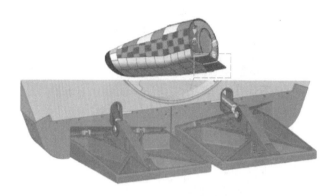

图 5 – 22　IXV 襟翼组件

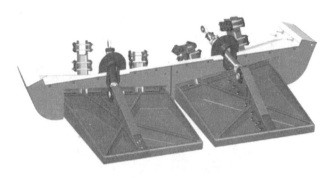

图 5 – 23　襟翼组件主要结构(襟翼、铰链热防护系统和机电作动器热防护系统)

IXV 迎风面气动外形保持,其特点是采用开放式盒设计,无隔热;

- C/SiC 制成的襟翼支撑梁,是 IXV 的控制面和主体结构之间的机械接口;

- 机电作动器和各个襟翼之间由 C/SiC 制成的杆连接,使襟翼动作,即襟翼偏转以执行飞行控制;

- 安装在襟翼连接点的陶瓷轴承支撑襟翼和襟翼杆;

- 2 个柔性密封装置(铰链密封)封闭铰链线处 IXV 每个襟翼前缘和迎风 TPS 相对面之间的间隙。

襟翼设计方案参照 NASA X-38 CRV 原型飞行器襟翼的设计。由于生产设备限制,将襟翼主体设计制成 2 个独立的部分,并且完全由 Keramans 陶瓷复合材料制成。C/SiC 材料通过多层二维碳纤维织物堆积而成,基体通过 CVI 工艺渗透,符合制造流程。该材料在 X-38 的鉴定水平下达到 8 级技术成熟度。

襟翼主体方案包括一个整体开放的盒形设计,前缘高度 110mm,向下倾斜至后缘处的 55mm。壁厚 1.5～4mm,具体取决于局部的力和要求。出于加固的原因,在外主体边缘采用整体式法兰以及类似星形的迎风主体表面 T 形加强筋。弯曲的铰链前缘部分允许在铰链热防护系统和襟翼之间安装滑动密封件。襟翼整体制造的执行结构与机电作动器轴承的连接,该结构使用具有高横向刚性的双层壁凸出设计,以抵抗横向载荷。

襟翼陶瓷复合材料轴承借鉴了 X-38 的轴承研制经验,并进行了布局改进,提高了径向承载能力。襟翼的支撑条件将通过外襟翼支持上的固定轴承和内部支撑上的浮动轴承实现。浮动轴承提供了超过 2mm 的容许纵向运动,以补偿襟翼热延伸。

陶瓷复合材料襟翼杆将与飞行器内的机电作动器的低温一侧配备金属接口。这允许杆在±7mm的范围内进行轴向调节。与金属方案相比,陶瓷复合材料杆方案的主要优点是重量小、无需隔热、简单的接口连接到飞行器底部上的机电作动器热防护系统,以及采用铰链所用的同一轴承技术(无需研制动静压混合轴承)。

作为铰链热防护一部分的铰链线密封件(见图5-24),在襟翼弯曲的前缘区域的整个长度与襟翼接触。为了减少磨损,将对襟翼接口表面进行研磨。由于迎风热防护和襟翼的变形,这两个元件之间标称尺寸为8mm的间隙将在一定区域内减小或增大。因此,铰链密封件必须在压缩条件下安装,以消除所有条件下的间隙。密封件将设计为具有两个独立密封线的"两行",以提高抗渗透性性能(更好的密封性),并放松与迎风热防护系统的连接(通过两行之间的简单陶瓷复合材料条)。密封件将通过5个直径为6.0mm的陶瓷复合材料反埋头螺钉安装。为了在40°的整个偏转范围内正确地支撑铰链密封件,增加了前缘的边缘,并设计了凹槽,以避免与襟翼支撑的干涉。

图5-24 IXV襟翼铰链线密封件

襟翼与飞行器冷结构的连接由铝板装置实现,铝板装置在外侧和内侧支撑上配钻,与冷结构支撑盒连接。为了保证襟翼铰链轴承在理论铰链线上的精确位置,连接提供了旋转、横向和轴向可调性。这可以通过配钻、垫片和长孔的组合来实现。垫片由铝制成,并使用标准金属紧固件。为了保证完全可达性,要求对准襟翼支承件的垫片位于外侧。所有紧公差金属连接螺栓穿过整个连接件,以允许连接板的配钻,并避免内侧使用系紧螺母。

2. 铰链设计方案

铰链热防护系统是IXV尾部的强制性组件,必须为IXV尾部提供高效的热防护,有利于飞行器的气动外形,并使襟翼与尾部结构连接和密封。研制的产品涉及位于飞行器尾部襟翼铰链线附近的热防护系统,见图5-25,设计由陶瓷复合材料壳体实现该热防护系统,提供外部气动外形,并连接到飞行器尾部结构的框架上。热防护系统配备内部柔性隔热毡和密封件,以填充外部和内部接口的间隙。对于铰链热防护系统的设计,根据如下主要目标开展:

- 可靠的总体方案和性能;
- 技术成熟度和简易性,包括成本;
- 可靠的密封功能与高效的连接;
- 可维护性;
- 考虑 Keraman® C/SiC 制造工艺的制造约束。

对于铰链热防护系统,使用 Keraman® C/SiC 材料,该材料由多层二维碳纤维织物构成,碳化硅基体经CVI工艺渗透,以符合MT-A制造要求。由于制造和集成原因,决定在飞行器对称平面的左舷和右舷侧将铰链热防护系统分离。所选择设计的主要项目有:

图 5-25 襟翼组件的主要结构(襟翼、铰链热防护系统和机电做动器热防护系统)

• 一体化陶瓷复合材料结构,外壳提供所需的外部形状和与冷结构连接的一体化支脚;

• 陶瓷复合材料支脚由金属螺钉固定于碳纤维树脂基复合材料/铝夹层冷结构上;

• 紧邻 TPS 部件的内部隔热和密封件由陶瓷布材料制成;

• 与襟翼的动态铰链密封;

• 利用隔热元件,减少支脚处对冷结构的热传递,并引入金属片作为冷结构的一部分以有效地将热量散发到碳纤维树脂基复合材料夹层。

3. 隔热件和密封件

隔热件由具有适应性密度的不同层 Saffil 组成,通过一层 Nextel 包裹,以便于处理和组装。左舷和右舷侧的整个隔热封装,可根据详细设计分为几个部分。

1) 机电作动器热防护设计

机电作动器位于飞行器后舱的内部,并通过襟翼杆连接到襟翼。对于通过机电作动器和襟翼之间的襟翼杆,需要在飞行器的后部开切口。机电作动器热防护系统用于覆盖该切口,以防止外部环境和冷结构以及后舱之间的热传递。此外,襟翼杆运动要求 TPS 具有柔性。在 -21°~ +19°襟翼偏转范围内,机电作动器热防护系统必须允许襟翼杆运动。图 5-26 显示了机电作动器热防护系统的设计区域。

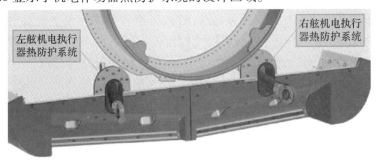

图 5-26 机电作动器热防护系统的位置

主要外形尺寸和机电作动器热防护系统的特定偏转范围分别如图 5-27 和图 5-28 所示。

机电作动器热防护系统的基本方案是将襟翼杆运动分解为通过机电作动器热防护系统滑动件补偿的 1 个纯轴向运动(通过机电作动器热防护系统滑动件补偿)和 1 个襟翼杆的垂直运动(通过柔性波纹管类部件补偿。机电作动器热防护系统还应该提供足够的

102

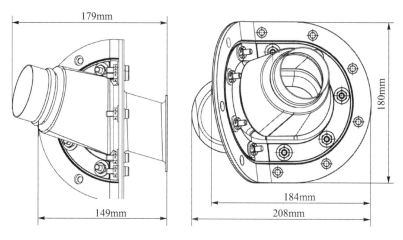

图 5 - 27　机电作动器热防护系统的主要尺寸

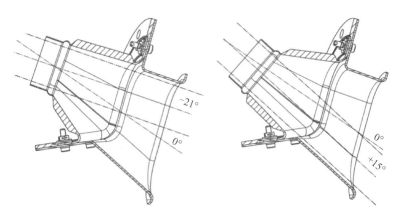

图 5 - 28　襟翼杆的偏转范围

柔性,以考虑制造和装配公差,以及飞行中热 - 力学载荷导致的变形。机电作动器热防护系统的完整组件及其主要部件如图 5 - 29 所示。

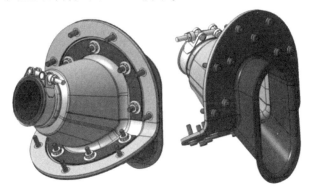

图 5 - 29　机电作动器热防护系统

2) 波纹管

柔性波纹管由 Nextel 织物组成,并嵌入 Saffil 袋。在与滑动套筒和连接环的连接区内,波纹管层仅由几层 Nextel 组成,以提供几乎不可压缩的安装表面。不同安装区域的层数不同,以适应热－力学要求。这些区域内波纹管的厚度不同,达到 1mm、2mm 和 4mm,而在波纹管与飞行器冷结构的接触区域达到了 4mm 的最大厚度,以提供足够的热绝缘。然而,在连接表面之间的区域,由于嵌入式袋由 Saffil 制成,波纹管的总厚度为 8mm,以便为飞行器后舱(图 5 - 30)提供适当的绝热。

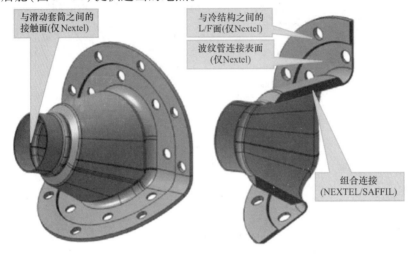

图 5 - 30　波纹管

3) 连接环

连接环由陶瓷复合材料制成,包含有连接到襟翼杆的接口,以及后壁和 TPS 内的切口。切口的大小要考虑到襟翼杆的空间包线,以实现从 -21° ~ +19°的襟翼偏转。连接环的法兰有安装孔与波纹管连接,以及与飞行器结构的连接(图 5 - 31)。

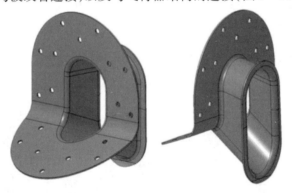

图 5 - 31　连接环

4) 滑动套筒

滑动套筒由带合并凹槽的陶瓷复合材料制成,防止压紧环在滑动套筒上移动(图 5 - 32)。它实现襟翼杆和机电作动器热防护系统之间的轴向运动。由于摩擦力的作用导致襟翼杆的倾斜,通过确定滑动套筒的长度,能够有效抑制外部干扰。

5) 连接和安装件

连接和安装件包括:

● 2 个由陶瓷复合材料制成的定位环拧到连接环上,用于连接波纹管。将它们分

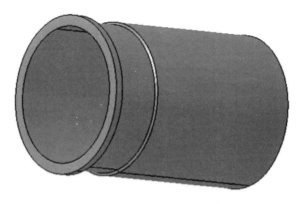

图 5 – 32　滑动套筒

开,以便将热应力的影响降至最低,并通过提供平的安装面确保更好的安装性。在定位环端部的啮合扣设计指向波纹管以补偿整合的角元件厚度。

- 由镍铁合金薄片材料制成的角元件用于在弯曲区域固定波纹管和连接环。这些角元件被安装在隔环和波纹管之间的特定区域。
- 铬镍铁合金制成的衬套作为螺栓连接的硬挡块,以保持底座较低的影响,从而保持了螺栓连接的预紧力。此外,螺钉头部和螺母之间的直接载荷路径通过该元件实现。
- 镍铁合金制成的压紧环用于将波纹管连接到滑动套筒上(图 5 – 33)。

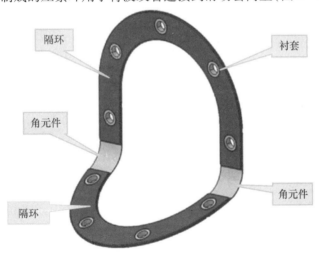

图 5 – 33　安装环

6)襟翼到机电作动器的接口

襟翼杆到机电作动器热防护系统的接口由圆杆上的滑动陶瓷复合材料套定义(作为机电作动器热防护系统的一部分),如图 5 – 34 所示。公差和涂层的详细设计类似于滑动轴承。

由于预计在滑动套筒上只有非常低的侧向力,摩擦导致的附加载荷可忽略不计,且磨损行为也没有预期的那么重要。在 + 19°和 – 21°偏转角时,滑动套筒的最远位置在一侧受襟翼杆上小轴肩的限制(图 5 – 34),而另一侧由安装在襟翼杆低温接口上的金属隔环限制(图 5 –35)。集成和制造公差的补偿将由机电作动器热防护系统的柔性波纹管提供。

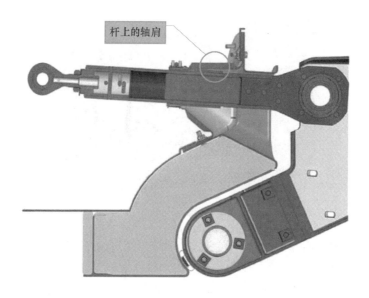

图 5-34 襟翼杆滑动套筒位置(-21°)

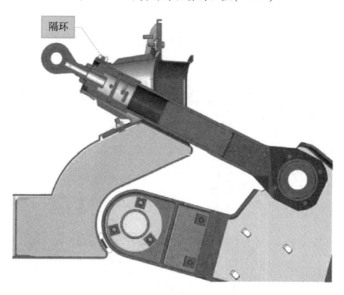

图 5-35 襟翼杆滑动套筒位置(+19°)

7）机电作动器接口

由于机电作动器热防护系统设计为自固定元件,因此铰链 TPS 上未设计额外的支撑或连接件。为了防止潜流导致传热,设计了图 5-36 所示的接口,使得铰链热防护系统的隔热和密封件局部隆起陶瓷复合材料壳局部隆起,并被陶瓷复合材料制成的机电作动器连接环法兰覆盖。此外,由于襟翼杆到铰链线的封闭位置,铰链热防护系统壳及其隔热件要求大的切口,以安装机电作动器热防护系统连接环,如图 5-37 所示。

8）结构到机电作动器的接口

机电作动器热防护系统和飞行器结构之间的接口通过后壁的加工表面和空腔来实现。为了保证集成机电作动器热防护系统后齐平的外表面,接触表面必须凹入,以考虑连接环和波纹管的壁厚。对于机电作动器热防护系统的螺栓连接孔也集成到加工面。通过

106

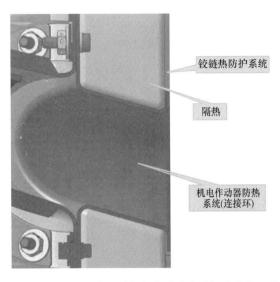

图 5 - 36 铰链热防护系统到机电作动器热防护系统接口截面图

图 5 - 37 铰链热防护系统到机电作动器热防护系统 - 铰链热防护系统内的切口

浮动螺母将机电作动器热防护系统连接到结构上,浮动螺母铆接到金属结构上。基于上述结构方案,利用浮动螺母的好处有:

● 在后续的集成操作中,能够执行机电作动器热防护系统的拆卸和安装,即使无法从里面到达连接区域。

● 实现制造公差的补偿(图 5 - 38)。

5.2.6 热防护材料特性

IXV 的热防护系统材料可分为以下 3 类:

(1) 硅基材料:C/C - SiC,Keraman® CMC,CMCL6®;

(2) 金属材料:Haynes 230;

(3) 柔性隔热材料:FEI 650/FEI 1000/FEI 1100,SPFI。

这些材料在飞行器上的分布情况见图 5 - 39。

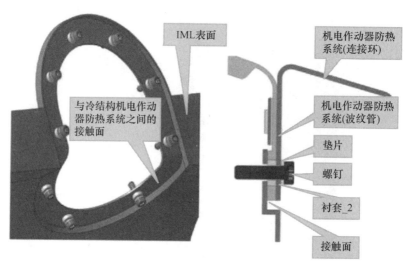

图 5-38 铰链热防护系统到机电作动器热防护系统-铰链热防护系统内的切口

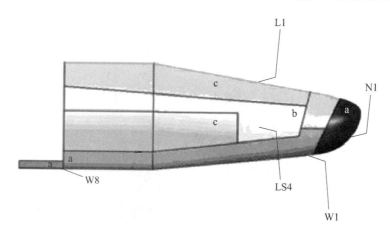

图 5-39 热防护方案和控制点

a—碳化硅基材料；b—金属基材料；c—柔性隔热。

热防护材料的辐射率确定通过测量完成。辐射率可以在每波长或整个积分波长范围内确定。通常在试验前和试验后进行测量，辐射率的改变揭示了可能的表面变化。它也可以部分地进行原位测量，也就是在可重现飞行条件的装置内进行等离子试验。后一种方法较优，因为它考虑了因氧化而可能导致的表面变化。

在 IXV 项目框架内，碳化硅的辐射率主要围绕 1900K，而金属类材料辐射率的相关范围约为 1300K。

硅基材料的最小总辐射率见表 5-1。

表 5-1 硅基材料总辐射率值

材料	最低辐射率 ε	温度/K
原位测量方法		
碳化硅	0.75	1300
0.9 μm 时的碳化硅	0.75	1720

材料	最低辐射率 ε	温度/K
其他测量方法		
碳化硅	0.75	1800
若干碳化硅/镀层	0.78	1600
碳化硅 – 变化的粗糙度	0.91	1800

金属基材料的最小总辐射率见表5 – 2。

表5 – 2　金属基材料辐射率值

材料	最低辐射 ε	温度/K
原位测量方法		
镍基	0.65	1500
其他测量方法		
PM1000	0.82	1300
PM1000	0.65	1250

5.3　结　构　设　计

IXV结构主要由框(横向构件)、梁(纵向构件)、口盖及壁板组成。主体结构主要选用碳纤维树脂基复合材料(CFRP),其中壁板包含上壁板、下壁板及侧壁板(2块)。

IXV结构需承受来自于所有飞行阶段的载荷,载荷的大小主要基于再入阶段载荷分析确定。IXV结构方案采用基于铝制大梁和框架作为主承力结构,外部由铝制蜂窝结构凯夫拉尔蒙皮制成的气动外壳面板,以及碳纤维树脂基复合材料推力锥和尾舱壁组成,见图5 – 40。

IXV结构所采用的框架/舱壁和纵梁结构方案(见图5 – 41),能够承受较大的轴向载荷。IXV对质量有着严格控制,因此结构的主舱壁和气动外壳采用密度较小的碳纤维树脂基复合材料,可有效降低结构质量。

Vega火箭要求1阶横向频率不能低于15Hz,飞行器与火箭不能发生耦合振动。IXV这种结构方案能够满足Vega运载火箭的需求,IXV1阶模态振型见图5 – 42。

IXV框结构包含5个主承力框和2个维型框(见图5 – 41),将IXV从前到后共分为4个舱段,其中第1个舱段主要用于安装单机设备及浮力气囊;第2个舱段主要为降落伞舱;第3个舱段主要用于放置降落伞发射装置及浮力气囊;第4个舱段主要为伺服及控制舱,见图5 – 43。

IXV与Vega火箭通过锥形支架实现连接(见图5 – 44),IXV尾端框中部为口盖结构,同时还可提供与支架的连接接口。IXV第4舱段中部为圆柱筒状结构,该结构主要用于传递运载段的载荷,并通过柱筒外侧的4个剪切板结构将载荷扩散至IXV下壁板及侧壁板(见图5 – 41)。

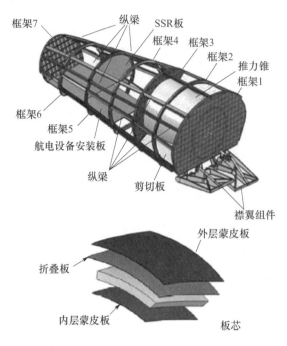

图 5 - 40 IXV 结构方案

图 5 - 41 IXV 结构组件(无面板)

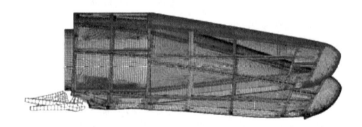

图 5 - 42 IXV1 阶模态振型

　　IXV 壁板结构是 IXV 结构承力的主要构件,用于安装热防护和相关的天线及传感器。IXV 上壁板为多口盖结构,较多的结构开口使 IXV 的上壁板在传力路线上存在"锯折"现象(见图 5 - 45),这种结构构型设计减弱了上壁板的传载能力和传载效率,由此可见:IXV 结构主要依靠下半段结构承载。IXV 结构的侧壁版和下壁板为复杂的曲面结构,且壁板

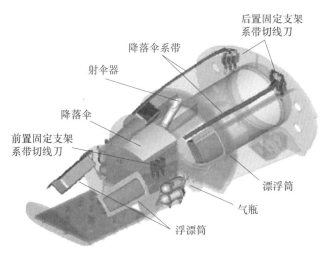

图 5 - 43　IXV 回收系统舱段布局示意图

图 5 - 44　IXV 与转接段对接

曲面并不连续(见图 5 - 46),在图 5 - 47 中可以清楚看出壁板结构的不连续处。对于这种复杂曲面、变厚度且不连续壁板结构制造只能采用复合材料,传统制造工艺无法满足这种结构形式的要求。

　　IXV 在尾部安装两套襟翼舵面传动机构,左右对称布置,通过与 RCS 配合完成飞行姿态的控制,如图 5 - 48 所示。两个襟翼舵面转轴轴线方向与飞行器全机坐标系 X、Y、Z 轴均不重合,而是呈一定的倾角关系。这种设计的原因应该是基于气动和控制的考虑,加强襟翼舵面对飞行器滚转与方位姿态控制的能力。

　　IXV 襟翼舵机安装在飞行器尾部底端(见图 5 - 49),对称分布。飞行试验中飞行器

图 5 - 45　IXV 上半壳结构复合材料组件

图 5 - 46　IXV 下半壳结构

图 5 - 47　IXV 冷结构壁板

控制舵面见图 5 - 50。舵面筋条布置形式与最初的设计方案有一定的差异,在最初的设计方案中,襟翼结构采用"米"字型(见图 5 - 48),但是考虑到需要对连杆进行防护(主要是尾部热环境导致连杆产生高温并传递到飞行器内部),以及襟翼结构刚度和强度,结构形式改进为框梁结构(见图 5 - 50),连杆连接处设计了热防护结构。

112

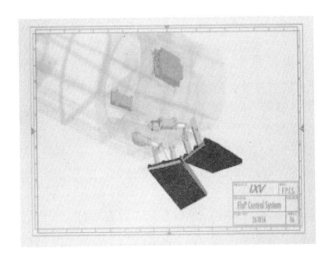

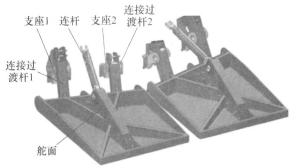

图 5 - 48 IXV 襟翼舵面传动机构

图 5 - 49 IXV 舵机

图 5 - 50 IXV 舵面

5.4　分离机械装置

一般而言,运载火箭与有效载荷的分离设计要基于如下要求:

(1) 严格控制有效载荷分离速度偏差,以满足有效载荷精度的要求;

(2) 分离干扰应尽量小;

(3) 尽可能减少分离冲击载荷;

(4) 避免有效载荷分离过程中或分离后发射碰撞;

(5) 具有更高的分离可靠性。

按照分离技术的不同,有效载荷的分离方式大致有两种,一种是弹射分离,另一种是减速分离。

弹射分离是指分离冲量装置产生的分离力直接作用在有效载荷上,使之沿火箭纵轴向前加速,达到有效载荷与火箭分离的目的。减速分离又称为制动分离,一般是在末级火箭上安装反推火箭或者反推冷气喷流装置。分离时,依靠反推火箭推力使末级火箭减速,达到分离目的。

IXV 与火箭有效载荷支架对接的对接框结构采用标准接口,直径为 937mm(见图 5 - 51)。对接框内有 4 个定位导向支点。IXV 与对接框采用包带形式进行分离解锁,见图 5 - 52。IXV 安装在下部直径为 1920mm、上部直径为 937mm 截锥面支架上。

IXV 对接框设计过程中需要考虑上升段的轴向载荷以及横向载荷。

图 5 - 51　IXV 对接框

图 5 - 52　IXV 分离装置

114

参考文献

［1］Leleu F, Kern O, Salmon T, et al. The thermal protection system architecture of the intermediate experimental vehicle (IXV). Proceedings 5th European Workshop on Thermal Protection Systems and Hot Structures Noordwijk, The Netherlands, 17 – 19 May 2006 (ESA SP – 631, August 2006).

［2］Buffenoir F, Zeppa C, Pichon T, et al. Development and flight qualification of the C-SiC thermal protection systems for the IXV. Acta Astronautica, 124:85 – 89, 2016.

［3］Buffenoir F, Escafre D, Brault T, et al. Dynamical and thermal qualification of the C-SiC nose for the IXV. Acta Astronautica, 124: 79 – 84, 2016.

［4］Tumino G, Angelino E, Leleu F, et al. The IXV project: the ESA re-entry system and technolologies demonstrator paving the way to European autonomous space transportation and exploration endeavours. IAC – 08 – D2. 6. 01. 2008.

［5］Loddoni G, Signorelli M T. IXV adaptation to vehicle reconfiguration. 40th International Conference on Environmental Systems. 2010.

［6］Pichon T, Lacoste M, Barreteau R, et al. Development and testing of ceramic matrix composite (CMC) thermal protection system for the IXV European atmospheric reentry demonstrator. IAC – 11 – D2. 6. 7, 2011.

［7］Pereira C, Walz S, Rufolot G, et al. In flight experimentation for the IXV re-entry vehicle: objectives, experiment design and implementation. IAC – 12. D2. 6. 3, 2012.

［8］Infed F, Handrick K, Lange H, et al. Development of thermal protective seal for hot structure control surface actuator rod. Acta Astronautica, 122 – 138, 2012.

［9］Catalano P, Benedetto S D, Rufolo G, et al. RANS analysis of TPS protusions of the ESA IXV vehicles. IAC – 13 – 2. 6. 6, 2013.

［10］Urbinati F, Becchio V, Vita G D. Design, development and manufacturing of the IXV aeroshell panels. Proc. '13th European Conference on Spacecraft Structures, Materials & Environmental Testing', Braunschweig, Germany, 1 – 4 April 2014 (ESA SP – 727, June 2014).

［11］Pichon T, Barreteau R, Buffenoir F. CMC technology for windward and nose of the IXV vehicle: towards full-scale manufacturing and qualification and qualification. IAC – 13, D2. 6. 3, x18787, 2013.

［12］Pichon T, Buffenoir F. IXV CMC Thermal protection system: post-flight preliminary analysis. IAC – 16, D2. 6, x32322.

［13］http://www. esa. int

第6章 IXV任务管理与飞行控制设计

6.1 概 述

IXV由织女星火箭发射至亚轨道,其入轨后的飞行阶段包括:亚轨道飞行段、再入飞行段和下降回收段。IXV亚轨道飞行段和再入段的整个飞行任务均由GNC系统保证。GNC系统为IXV的各段飞行提供导航、制导与控制功能,确保满足系统在功能、性能、精度和可靠性等方面的要求。

在任务管理与飞行控制设计上,IXV研制人员做了大量详细的工作,为欧洲再入飞行器GNC技术的完善、巩固与检验奠定了基础:

(1) IXV GNC系统架构主要由制导、导航、控制和飞行管理四个核心模块组成,该构架模块之间界面与接口清晰可见,功能非常明确。

(2) IXV在飞行试验前就制定了详细的飞行模式,各模式间交班条件清楚,各模式内部要求明确,控制策略详细,且根据不同的模式提出了不同的性能要求。

(3) IXV的导航系统依靠高性能惯性测量装置(IMU),且通过GPS测量数据进行修正,即IMU+GPS方案。当进入黑障阶段时,导航采用阻力导出高度计(DDA)的伪测量功能来修正惯性导航数据,实现了IXV导航的可靠性。

(4) IXV制导设计充分继承和借鉴了航天飞机的再入制导技术,将再入制导分解为纵向制导和横向制导,纵向制导采用一种改进的阻力跟踪算法。其制导设计时还考虑了热载和气动载荷的限制,以及如何避免热防护材料主动氧化的问题。

(5) 飞行器的姿态控制主要依靠反作用控制系统(RCS)和气动襟翼控制系统(FPCS),这两者都用于飞行器的动态控制,此外,襟翼还用于飞行器纵向和横向的气动配平。其控制设计采用了经典的控制结构,配平、前馈和反馈等功能模块是独立的,采用控制分配模块将这些功能联系起来。与其他飞行器设计不同的是,IXV的反馈控制设计结合了典型的环路整形和多输入多输出定量反馈算法。

(6) 飞行器的飞行管理由一台器载计算机完成,计算机利用IMU和GPS的输出数据来实现GNC系统功能,同时向作动器子系统发送所需指令。

6.2 系 统 架 构

GNC系统架构由制导、导航、控制和飞行管理4个核心模块组成,其中飞行管理模块根据估计数据以及同任务管理(MVM)模块交换的信息来管理GNC模式的变化。该功能结构的总体架构见图6-1,主要包括GNC系统的不同模块和这些模块之间的数据流,以及这些模块和系统外部组件之间的关系,可应用于从发射一直到飞行器在海中溅落的整个任务剖面。在特定的阶段,一些模块不参与工作,或者以不同的格式进行特定数据的交换。例如在轨期间,制导给控制器提供惯性参考姿态,而再入阶段则提供参考气动角(攻角、侧滑角、倾侧角等)。

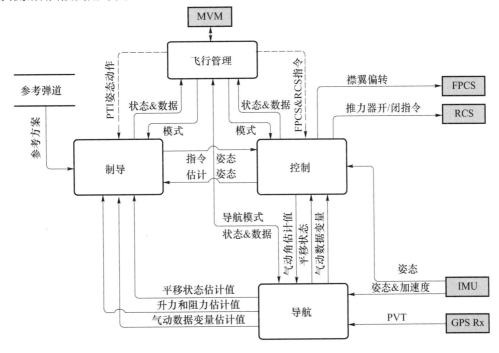

图 6 - 1　GNC 功能结构

在 GNC 系统功能结构中,制导模块不包含参考弹道数据库,目的在于强调参考弹道数据是通过任务分析(MA)离线设计生成,并存储在 GNC 系统中供器载计算机使用的。制导模块跟踪的参考弹道是数据库中的一条弹道,该弹道称为标称配平弹道,可直接应用于控制模块。

飞行管理模块首先确保其他模块提供给 GNC 系统的信息是最新状态。任务与飞行器管理对最新状态数据进行处理,作为一种方式监测 GNC 系统。同样,基于最新状态数据、被监测的飞行条件和任务管理的信息与指令,飞行管理还负责管理 GNC 系统的内部模块。

在热流与气动载荷,以及避免选定的防热材料发生主动氧化等固定约束条件下,制导需确保飞行器按照确定的姿态剖面飞行。在飞行器飞行到期望的开伞位置之前,飞行器的位置跟踪一直由制导负责。飞行器在轨与再入阶段,制导功能不同。

导航器件由 IMU、GPS 和 DDA(再入阶段的黑障时期)组成,IMU 向 GNC 模块提供 IXV 的姿态四元数、欧拉角、累积的角度增量和速度增量;GPS 提供位置、速度和时间的测量数据,这些数据主要用于更新导航系统的位置和速度信息,在任务的不同阶段消除导航误差;而 DDA 仅在再入黑障区使用,此时 GPS 数据缺失。另外,导航模块还为制导模块和控制模块提供实现其功能所需的大气数据和气动参数。

IXV 控制通过 RCS 和襟翼实现,整个飞行过程中都用到 RCS;而襟翼仅在再入期间气动效果明显后使用,主要实现对飞行器纵轴(对称偏转)和横轴(不对称偏转)的配平和控制。

　　导航和制导开始工作前,GNC 系统运行频率一直为 2Hz;控制和飞行管理运行频率为 20Hz,IMU 数据采集频率为 100Hz,RCS 工作频率为 100Hz,FPCS 工作频率为 20Hz。

6.3　飞行模式

　　为实现所有模块的功能,GNC 系统需和任务管理、FPCS、RCS、IMU 和 GPS 等外部机构相互配合。GNC 操作体系给出了任务阶段、IXV 模式、GNC 模式、时序事件与任务管理之间的相互关系,具体见图 6 - 2。IXV 根据不同阶段的飞行特点与任务要求,采用不同的飞行控制模式,不同模式之间的切换依据不同的事件触发。

　　当飞行模式输送到 IMU 后,导航开启射前模式并开始运行。从飞行器点火发射,导航就开始对视加速度积分。器箭分离后,GNC 系统完全切换到在轨模式,在此其间仅采用 RCS 控制。再入准备阶段,在轨模式切换到高性能(HP)模式(见 6.6 节),飞行器沿更高的姿态要求进行跟踪。

　　当飞行器达到再入点 120km 时,IXV 切换 GNC 系统工作模式至再入模式。从该点直至下降与回收系统(DRS)启动,GNC 系统一直保持飞行器稳定,并导引其飞往指定的区域,同时确保飞行器不超出再入走廊。

　　再入飞行期间,导航一直运行在再入模式。在再入点处,控制切换到低性能(LP)再入模式,其间仅采用 RCS 控制,且制导以开环模式参与姿态控制。当阻力大约为 $0.05g$ 时,控制切换至高性能模式,襟翼和 RCS 联合执行控制操作。之后,根据飞行能量状态,制导模块进入闭环模式,基于测量的弹道条件主动控制飞行器飞行,以实现 DRS 的开启条件,并确保在热流和过载限制条件下飞行器不超出允许的再入走廊。该操作模式从 $Ma=25$,80km 高度一直持续到 $Ma=2$。

　　$Ma=2$ 以后,制导模块进入释放前模式,并控制飞行器的姿态满足开伞要求(倾斜角 0°、侧滑角 0°、攻角 43°)。在 $Ma=1.6$,高度为 26～28km 时,IXV 启动 DRS 功能。此时,再入控制切换到开伞后模式,并持续到超声速降落伞完全打开。降落伞展开后,GNC 系统切换到下降模式,控制和制导停止工作。

6.4　导航方案设计

6.4.1　导航功能与模式

　　导航的主要功能是负责计算如惯性位置、速度矢量等信息,给制导和控制提供一组可用的参数集。其功能的实现主要依靠导航传感器——IMU 和 GPS 接收机提供的输入数据。

　　IXV 导航功能的核心是基于 IMU 测量数据(如速度、加速度和姿态估计)的惯性导航。通过使用①GPS 测量的位置、速度和时间(PVT)数据(当它们可获得时)与②DDA 测量数据(在再入阶段黑障期间)来修正计算得到的导航解(位置和速度矢量)。IMU 可直接提供飞行器的姿态数据。

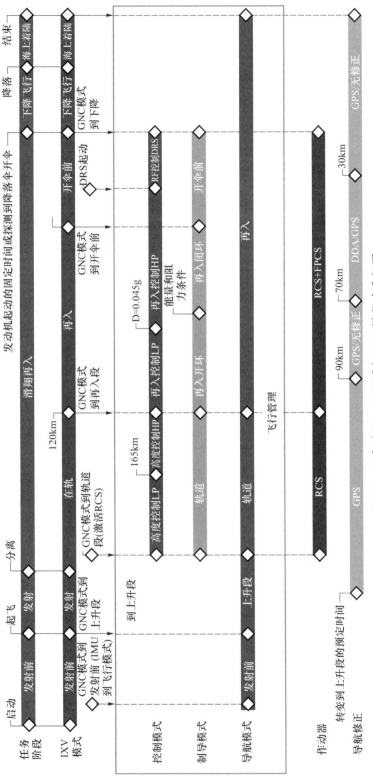

图6-2 任务阶段、飞行器与GNC模式关系框图

利用位置和速度矢量的最优估计,可以推导出一组任务管理、制导模块和控制模块均需要的参数,如地心矩、经度、地心纬度、相对速度、航迹角和航向角。另外,利用大气模型、质量－重心－惯量模型和气动数据库,导航还能提供由测量的视加速度计算得到的大气数据和气动参数。

导航策略采用以下几种模式:

（1）自对准:导航初始化任务采用 IMU 自对准程序,发射前飞行器在发射台上,IMU 自动执行该程序。

（2）惯性导航:在上升段、再入段和下降段飞行期间,飞行器导航主要使用 IMU 测量数据。上升段初期,惯性导航仅依靠 IMU 测量数据计算导航数据。整流罩分离后,飞行器立即获取 GPS 信号,IMU 利用从 GPS 数据中获得的位置和速度矢量对导航解算初始化或修正惯性导航解。

（3）弹道导航:在轨运行期间,考虑到在该飞行段仅受到重力作用,导航解是基于弹道导航实现的。IMU 的测量数据仅用于监测,探测那些触发惯性导航模式的非重力因素。

（4）GPS 修正:整流罩分离后,GPS 利用其获取的数据对 IMU 测量数据进行修正,再入黑障期间除外。预先确定的 GPS 修正点如下:①IXV 分离后,为弥补上升段飞行期间惯性导航误差;②再入前,为弥补在轨段产生的误差;③飞离黑障区后,为提高开伞点触发机构的精度。

（5）DDA 修正:再入期间,由于存在黑障,飞行器无法采集 GPS 信号。为了补偿纵轴的误差,可以提前使用 DDA 测量数据来修正位置和速度矢量,直至飞离黑障区再次获得 GPS 信号。DDA 测量还可辅助处理 GPS 故障。

6.4.2 再入导航实现

1. 导航原理

IXV 与火箭分离后,约超过 3000s 的时间在亚轨道飞行。亚轨道飞行阶段,IXV 根据热防护和 GPS 天线指向要求进行必要的三轴姿态机动。

当高度下降至 120km 处时,飞行器进入再入阶段。再入飞行段,飞行器利用导航系统进行定位,通过控制和制导飞行。IXV 利用导航模块提供的位置和速度数据按照制导弹道飞行,其弹道的确定需要满足最大过载和最大热流的要求以及降落伞打开点处的精度要求。目标攻角根据任务分析要求设置,而侧滑角根据配平要求设置。然而,这些角都不是制导指令,唯一的制导指令是升力方向（倾侧角）。因而,再入期间飞行器的姿态完全由攻角、侧滑角及倾侧指令设定,GPS 天线的指向完全受姿态约束。目标攻角、配平侧滑角以及指令倾侧角是控制模块通过飞行器尾端的襟翼和 RCS 进行控制实现的。

导航为制导、控制和飞行管理提供以下数据:

（1）赤道坐标系下的惯性速度和位置;

（2）经度、纬度、海拔高度、相对速度大小、航向角和倾斜角;

（3）视加速度;

（4）降落伞打开时的马赫数和动压;

（5）阻力和升力;

（6）气囊打开时的溅落检测数据。

IXV 主要采用基于 IMU 的惯性导航方案。飞行器发射前,IMU 在发射台上执行自对准操作。然后,通过 IXV 器上计算机中的导航功能,利用包括 J2 项的重力模型对 IMU 数据进行集成。

在轨期间,理论上由 IMU 测得的加速度为 0,所以加速计测量的仅是传递的噪声和偏差。在轨段导航模式在重力模型中忽略了加速度计数据,因此导航传播的仅是位置和速度。在这种模式下,潜在的 RCS 激活不能被导航监测到,从而产生了速度误差,所以导航使用的 RCS 模型需基于 RCS 的控制指令,以补偿相应的小速度增量。

再入之前,更具体地说是制导模块工作之前,需要减小导航误差,以避免任何跳跃。飞行结束时也需要减小导航误差,以满足降落伞打开所需的条件。由于以上原因,惯性导航数据需要通过 GPS 测量数据进行修正。器箭分离后,GPS 接收机开启,更新整个任务期间的导航数据,直到 GPS 测量数据可用且有效。

然而,GPS 测量并不总是可用,尤其是在黑障阶段。所以在黑障区导航采用的是伪测量,即阻力导出高度来修正惯性导航数据。利用加速度计测量的高空减速加速度、阻力导出的高度,结合气动力学和大气模型来估计高度。对于 IXV,使用 DDA 修正数据的基线高度是 60km、50km、40km 和 30km。

根据 GPS 测量数据在黑障前后是否可用提出了以下 4 种可能的 GPS 方案,见表 6-1。

表 6-1　GPS 方案

	黑障前 GPS 可用	黑障前 GPS 不可用
黑障后 GPS 可用	GPS-DDA-GPS	DDA-GPS
黑障后 GPS 不可用	GPS-DDA	DDA

表 6-2 给出了不同阶段 GPS 和 DDA 可用时的导航时间表。

表 6-2　导航时间表

	发射台	上升段 0km	在轨段 280km	再入				溅落 30km
				120km	106.2km	60km	40km	
自对准	■							
惯性导航		■						
弹道导航			■	■				
GPS 修正			■	■	黑障		■	■
DDA 修正						■	■	

2. 阻力导出高度计原理

阻力导出高度计通过下列模型进行高度估计:

$$z = -\frac{1}{H(z)}\ln\left(\frac{2m\Gamma}{\rho_0 S_{ref} V_r^2 C}\right)$$

其中:z 是高度,H 是大气模型比例因子,ρ_0 是地面空气密度,V_r 为飞行器相对速度,C 为气动阻力系数,m 是飞行器质量,Γ 是视加速度。

阻力导出高度计测量精度取决于空气动力学模型和大气模型的精度,而大气模型的精度取决于高度。使用迭代算法可以提高阻力导出高度计的输出精度。

IXV采用襟翼来改变气动阻力系数,因此通过阻力导出高度计测量气动阻力系数时应充分考虑襟翼指令要求。

高度估计完成后,导航状态(至少是位置、速度和姿态以及IMU的状态)通过卡尔曼滤波器进行修正。卡尔曼滤波器可以使用预先设计的增益作为阻力导出高度计高度的函数,或利用以前的修正数据进行实时更新。

为了防止导航被错误的阻力导出高度计测量数据修正(例如,如果大气或气动模型不适合),需要确定惯性测量高度与阻力导出高度计估计高度之差的阈值。

图6-3对纯惯性导航(INS)和阻力导出高度计获得的高度精度(1σ值)进行了比较。结果表明,阻力导出高度计数据精度更高,可以对高度低于70km的纯惯性导航进行修正。

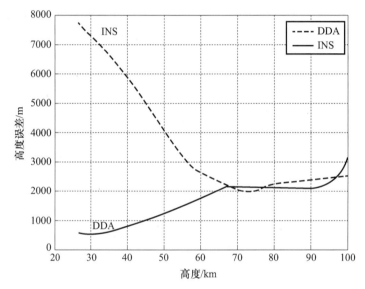

图6-3 惯性导航系统和阻力导出高度计精度

利用一阶偏导数可以估计阻力导出高度计的误差源(图6-4)。对于总精度而言,大气密度误差是主要的误差源。气动力系数的不确定性是第二个误差源,它在高度低于40km时比较高。第三个误差源主要是低空时风产生的相对速度误差。

其他误差源还有质量和加速度测量数据(偏差、噪声等),但在70~30km之间几乎没有影响。在更高的高度时,加速度测量也是一个主要的误差源,此高度的大气密度低,几乎不存在气动加速度,所以算法对很小的测量误差会非常敏感(考虑大气密度剖面,小误差密度估计会导致较大的高度误差)。

基于以上结果,阻力导出高度计可以在高度70~30km之间使用。由于此高度的惯性导航误差可达到10km,所以在60~30km之间时,阻力导出高度计需每10km修正一次。

3. 性能评估

1)分析方法

在不同的研制阶段,以下仿真方法可以评估导航精度:

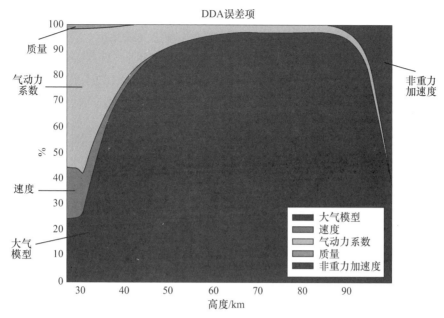

图6-4 1σ大气不确定性时的阻力导出高度计误差项

（1）协方差分析工具可用于飞行器的论证阶段,来评估传感器误差数量级和大小,传感器的性能需满足典型的精度要求。这种方法可实现导航精度量级的快速估算,并为制导算法提供初步的误差模型。

（2）带时域仿真器的蒙特卡洛法(MC)可用于飞行器的设计阶段。该方法专门用于组合导航性能评估。它可实现更精确的建模和更深入的分析,但需要更长的实施和执行时间。

（3）飞行工程模拟器用于飞行器的研制阶段,需要有制导、导航与控制算法的原型,通过6自由度模拟进行验证。

有关标准值估计方面,协方差分析法和蒙特卡洛的结果颇为相似,从而在早期研制阶段可以采用协方差分析方法。在设计与研制阶段使用蒙特卡洛法可以更深入地分析导航算法的特性,以及非标称或高度分散情况下的GPS性能。

2）性能分析

性能分析时IMU模型中考虑以下误差因素:

（1）加速度计偏差、比例因子、非正交性等;

（2）陀螺仪漂移、比例因子、未对准等;

（3）自对准误差和相关性。

对每颗运行在其轨道上的GPS卫星进行模拟,可以评估其可见度。对GPS接收机和天线进行建模,可以用来评估一个具有代表性的预算链路。每颗卫星的天线模式建模和接收天线在运载器上工作均需要真实的方向,所以预算链路依靠相对卫星-接收天线的方向。伪距、多普勒计数、多普勒频移的空间误差和电离层与对流层对它们的影响均可以模拟。

IXV上仅有一个GPS天线,它的位置可按照如下方式确定:

（1）安装在拱背上,其视场最大并可以防止气动热流;

（2）靠近低噪放大器,可使电缆信号损失降至最低,所以它可以安装在航电设备舱顶部;

（3）电气设备舱位于飞行器的前部;GPS天线安装在舱的尾部,再入期间可使气动热流降至最低。

图 6-5 给出了随轨道变化的 GPS 天线与当地天顶之间的角度。它表明,在整个在轨段天线指向天顶,因此 GPS 比较容易接收信号。再入初期,由于飞行器需要俯仰机动使其内弧面指向再入方向,所以天线与当地天顶成 45°角。再入过程中,天线方向随 IXV 机动而变化。

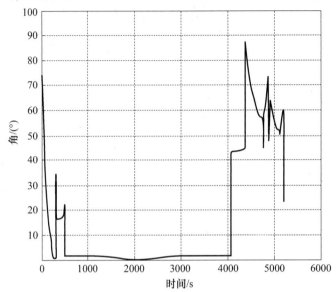

图 6-5 IXV 天线相对于当地天顶的角度

图 6-6 给出了 GPS 的全局误差放大因子。在轨段,全局误差放大因子的平均值约为 2,这是一个标称值。在黑障后的重新捕获阶段,更少的卫星可见导致 GPS 测量精度降低。

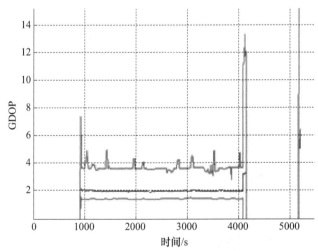

图 6-6 IXV 轨道上全局误差放大因子的平均值、最小值和最大值

考虑到测量方案和导航算法的结合,不同模拟情况的结果见表 6-3。通过 300 次的蒙特卡洛打靶完成了对导航精度性能的评估,结果表明 95% 的标准偏差估计精度在区间 $[-7.5\%;+8.6\%]$ 上。

124

表 6 - 3 性能结果

情况	DDA	GPS	处理	导航误差							
				高度 /m	经度 ×10⁻⁶ rad	纬度 ×10⁻⁶ rad	V_r /(cm/s)	倾斜 ×10⁻⁶ rad	方位角 ×10⁻⁶ rad	位置 /m	速度 /(m/s)
GPS (无 DDA)	无	松	实时 计算	1804	76	173	397	12962	5392	2170	7.5
GPS – DDA	有	松	实时 计算	886	105	184	342	3505	4887	1603	4.3
	有	紧	实时 计算	948	95	180	347	4198	4741	1604	4.4
	有	重新 初始化	预先 计算	913	196	171	347	6025	5106	1893	4.9
	有	松	预先 计算	915	193	172	348	6043	5091	1887	4.9
GPS-DDA- GPS	有	松	实时 计算	628	33	33	163	5490	3413	696	3.3
	有	紧	实时 计算	545	93	57	168	4815	4488	884	3.4
	有	重新 初始化	预先 计算	139	28	20	55	1283	1101	261	0.9
	有	松	预先 计算	380	151	109	214	5937	3574	1246	3.7

INS/GPS 组合方法按照下面的方法选取:

(1) GPS 重新初始化,此时导航估计值直接用 GPS 接收机的位置、速度测量数据替换;

(2) 松组合,将惯性数据与卡尔曼滤波器中的位置、速度测量数据混合;

(3) 紧组合,将惯性数据与卡尔曼滤波器中的每个可见卫星的伪测量数据混合。

GPS(无阻力导出高度计,没有重新获取)和 GPS – 阻力导出高度计两种方案的比较结果表明,在黑障之后,当 GPS 重新获取数据时使用阻力导出高度计是非常重要的。

对于该方案,即所谓的 GPS – 阻力导出高度计方案,所有的组合方法(包括再初始化)均非常相似,并能提供相当高的准确度。这些方法远比仅使用 GPS(无阻力导出高度计)的方案好得多。

对于黑障后 GPS 重新获取数据的方案,即所谓的 GPS – 阻力导出高度计 – GPS 方案,与 GPS – 阻力导出高度计方案相比,性能有很大提高。然而,松紧组合方法没能达到预期的精度,这主要是由滤波器的收敛时间、黑障后有效 GPS 重新获取与降落伞打开之间的数据延迟造成的。实际上,黑障结束和降落伞打开之间有 15s,期间导航仅进行了 3 次修正。接收机的 GPS 重新获取越快,滤波器的重调或修正率的增大将对收敛性的改善越好。

一般而言,重新获取似乎不是 GNC 性能的一个关键点,因为 GPS – 阻力导出高度计得到的性能是足够的。

再入末期,仿真表明每个轴的姿态测量均方差小于 0.06°,所以该误差对姿态控制的影响可以忽略不计。

当使用阻力导出高度计时,赤道惯性系下位置和速度均应予以修正。图 6 – 7 显示同时更新位置和速度得到的高度误差收敛比仅修正位置要好得多。

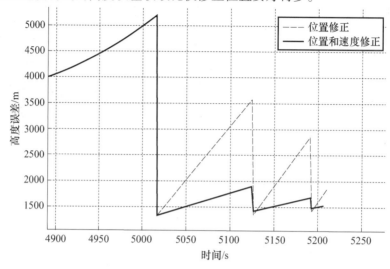

图 6-7　位置或位置-速度更新的高度收敛图

3）闭环仿真导航原型

基于前面的结论，对导航函数模型进行了编程，使能够嵌套到全局 GNC 模块中。GNC 将在具有 6 自由度的飞行器动力学模拟器中进行闭环测试。

导航模块由图 6-8 所示的子模块组成，主要包括：

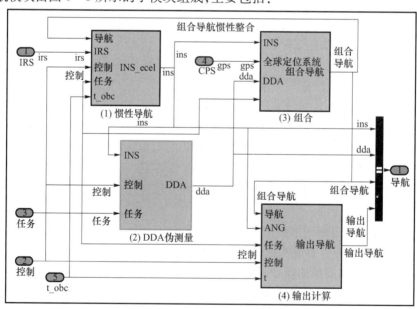

图 6-8　IXV 导航模块的 Matlab-Simulink 简图

（1）惯性导航：包括速度增量组合、重力模型、弹道模型和加速度滤波器。

（2）阻力导出高度计：利用阻力导出高度计和惯导输出计算高度。

（3）组合：实现导航再初始化，估计 GPS 位置、速度测量数据，并根据预先计算的卡尔曼增益修正阻力导出高度计数据。

126

（4）输出计算：计算制导与控制所需的数据（地心坐标系内的位置和速度，阻力和升力，马赫数等）。

6.5 制导方案设计

6.5.1 制导功能与模式

制导模块的目标是将飞行器控制到期望的降落伞展开位置，同时保证飞行器在飞行走廊内飞行。制导模块通过向控制模块发送攻角和倾侧角指令，以实现上述目标。指令计算过程中用到的测量/估计数据包括阻力、相对地球的速度、马赫数、攻角和倾侧角。对于再入 GNC 系统，制导运行频率为 2 Hz，对于在轨和再入段分别设计了不同的制导功能。

在轨制导模块由可读取的指令姿态四元数表格组成，以确保 GPS 天线指向天顶。该数据表预先创建，包括飞行前按照任务分析获得并储存在飞行器上的期望姿态剖面。

再入制导的目标是导引飞行器到达期望的开伞点，并确保其飞行在再入走廊内。为了实现这一目标，制导模块将攻角和倾侧角这两个指令传递给控制模块。图 6－9 给出了再入制导的功能结构。

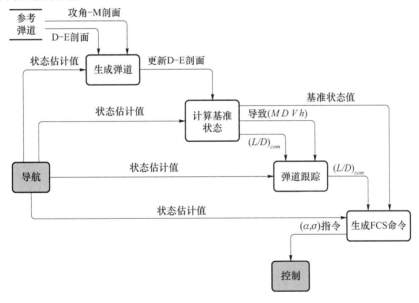

图 6－9　制导功能模块的结构图

制导功能模块中有 3 种主要的工作模式：

（1）开环模式：再入初期制导指令是预先设定的，直到气动力增强至足以实现轨迹控制的能力；

（2）闭环模式：闭环轨迹控制的结果是给出攻角和倾侧角指令；

（3）释放前模式：开环制导，执行下降与回收系统初始段的制导指令。

6.5.2 再入制导实现

IXV 的再入制导继承和借鉴了航天飞机的再入制导算法，并利用 GPS 对导航与制导之间的偏差进行参数校正。该方法将再入制导分解为射向平面内的制导(纵向制导)和横向控制(横向制导)。纵向制导采用一种改进的阻力跟踪算法,由4个不同的处理模块组成,见图6-9。

1. 弹道生成

从最优参考弹道(以阻力-能量(D-E)剖面的形式存储在器载任务分析模块中)开始,IXV采用了测距技术来补偿降落伞展开点位置的偏差。利用上述方法修正标称阻力剖面,以补偿剩余航程估计值和可用航程能力之差。用能量表达阻力后,纵程就可以写成阻力和能量的函数:

$$R_P = - \int \frac{1}{D(e)} \mathrm{d}e \tag{6-1}$$

2. 基准状态计算

除了存储的参考弹道外,为了能够准确地应用弹道控制逻辑,还需要计算几个重要的变量才能完整地确定基准状态,从而计算出制导指令的前馈分量。计算时考虑以下因素:

(1)将能量作为独立的变量;

(2)高阶器上动力学模型仍保持解析形式;

(3)阻力的非线性动力学隐含在基准控制的计算式中:

$$u_0 = \frac{L}{D} \cos(\sigma) = \mathrm{fnct}(d, d', d'', V, h') \tag{6-2}$$

3. 弹道跟踪

在确定参考弹道以及计算得到法向的基准升阻比后,就可执行弹道控制逻辑。制导系统所采用的控制策略由式(6-3)表示,其制导指令是基准控制和反馈项的函数。下标为0的变量是前一步计算得到的基准变量,d和$\dot{h}$分别为阻力的估计值和高度变化率。

$$u_c = u_0 + f_1(d - d_0) + f_2(\dot{h} - \dot{h}_0) + f_3 \int (d - d_0) \mathrm{d}t \tag{6-3}$$

反馈增益f_1、f_2和f_3分别由基准状态函数、期望带宽下的阻力动态特征函数、速度对应的阻尼比计算得到。

4. FCS指令生成

法向升阻比和基准攻角确定后,计算得到的指令倾侧角和攻角传送到飞行控制系统(FCS)。制导系统不提供侧滑角指令,该指令通过控制系统保持在配平位置附近。根据阻力相对参考剖面的偏差对指令攻角进行调制,可以将倾侧反转的瞬态影响以及其他短周期扰动最小化。以当前的速度和指定的目标点视线间的方位差为参考,横向制导将横程控制在横向走廊内。如果超出了走廊的范围,横向制导就会发出倾侧反转指令。

6.6 控制方案设计

6.6.1 控制功能与模式

控制算法的目标是保证飞行器的姿态按一定精度要求跟踪制导回路的姿态指令。控制算法根据监测/估计的变量值(包括阻力、速度、马赫数、经纬度、高度、方向、航迹角以及姿态四元数)提供控制指令。控制算法会估算飞行器相对于风的姿态(攻角、侧滑角)、倾侧角以及角速率。

控制模块包括3种子模式：

（1）低性能：再入大气时，制导回路的指令为常数（攻角45°），姿态跟踪的要求较低，并且此时动压较低，只有使用 RCS 进行控制。

（2）高性能：下降与回收系统启动前的再入过程中，姿态跟踪的要求非常严格，制导指令是动态的（攻角的标称值为45°，倾侧角在 ±90°的范围内），需要襟翼和 RCS 联合控制，并且尽可能采用襟翼控制以最大限度地降低燃料消耗。

（3）下降与回收系统启动后模式：该模式等同于高性能模式，但对跟踪精度降低了要求，这一阶段要求在超声速制动伞张开的过程中保持飞行器的姿态稳定。

控制功能模块的结构图及其与其他 GNC 模块的关系见图6-10。

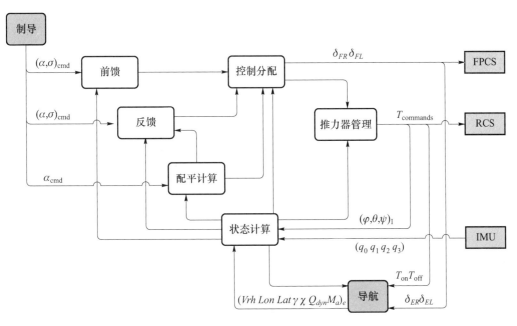

图6-10　控制模块结构

6.6.2　再入控制实现

IXV 控制器采用了经典控制结构，配平、前馈和反馈等功能模块是分开的，控制分配模块可将这些功能联系起来。与其他飞行器不同的是，IXV 的反馈控制设计结合了典型环路整形和多输入多输出定量反馈算法，控制的鲁棒性可通过一种概率设计法保证。

以下分别对控制结构中的6个模块进行描述。

1. 前馈

该模块通过开环处理作动器指令来计算控制信号，其中作动器指令需要去跟踪制导模块的输出指令。该组件主要用于实现快速制导、大角度的机动操作。这些指令的误差都通过反馈控制模块进行修正。

2. 配平

该模块根据当前的飞行条件控制襟翼作动器进行配平，配平过程基于存储的回路数据表进行开环控制。由于不确定性和飞行条件变化引起的配平状态误差将通过反馈控制回路进行修正。

3. 状态计算

该模块利用 IMU 提供的姿态四元数以及导航系统提供的平动状态和飞行条件的估计值计算其他控制模块使用的飞行器姿态。

4. 控制分配

该模块对作动器的配平、前馈和反馈模块指令进行合并,根据期望的襟翼偏转和 RCS 力矩需求给作动器分配控制指令。同时,该模块在执行过程中还根据控制优先权采用了一种饱和控制逻辑。

5. 推力器管理

该模块将控制分配模块分配给 RCS 的力矩转换成相应的实时指令给各个推力器。该过程需要考虑推力器位置、当前运行状态的性能、点火逻辑以及各自的物理运行约束。

6. 反馈

该模块包含控制器的所有姿态反馈回路,反馈变量包括与风相关的姿态(攻角、侧滑角)、倾侧角和机身角速度。这些变量的反馈值可以用来补偿不确定性和扰动的影响、开环前馈和配平计算模块中不能处理的模型误差和稳态误差。因此,即使 IXV 的动力学存在很大的不确定性,控制器的反馈分量也会为其控制性能(稳定性和操纵性)提供很好的鲁棒性。对于 IXV 而言,反馈控制器是一种姿态和姿态速率控制的串联结构,如式(6 - 4)和式(6 - 5)所示。反馈控制器是一个低阶的线性时不变系统;姿态速率的反馈增益为静态值或者 1 阶变量,而姿态反馈增益则是 1 阶或者 2 阶变量。控制器可根据速度和阻力进行调整。对于线性时不变和低阶系统,控制器局部特性的验证是简单的。

纵向控制:

$$q_c = K_a(s)(\alpha_c - \alpha_m) + \int K_{ai}(s)(\alpha_c - \alpha_m) \mathrm{d}t \qquad (6-4)$$
$$\delta_c = K_q(s)(q_c - q_m)$$

横向控制:

$$\begin{bmatrix} p_c \\ r_c \end{bmatrix} = \begin{bmatrix} K_{p\sigma}(s) + \int K_{pci}(s) \mathrm{d}t & K_{p\beta}(s) \\ K_{r\sigma}(s) & K_{r\beta}(s) \end{bmatrix} \begin{bmatrix} \sigma_c - \sigma_m \\ \beta_c - \beta_m \end{bmatrix}$$

$$\begin{bmatrix} \delta_a \\ M_{yaw} \end{bmatrix} = \begin{bmatrix} K_{ap}(s) & K_{ar}(s) \\ K_{\psi p}(s) & K_{\psi r}(s) \end{bmatrix} \begin{bmatrix} p_c - p_m \\ r_c - r_m \end{bmatrix} \qquad (6-5)$$

IXV 控制器最大的特点就是其鲁棒性。表 6 - 4 概括了控制器设计(反馈模块)时需要考虑的不确定性参数,同时表中也给出在反馈控制设计过程中建立不确定性模型所采用的统计方法。控制性能(稳定性和操纵性)一般都以概率的形式给出(例如,置信度水平为 90% 时,控制性能为 99%)。在不同飞行状态(调度点)下使用混合蒙特卡洛的方法对控制系统设计模型进行选择,使控制器的设计满足合适的概率水平,且具有可调节的裕度。控制器增益的选择采用了典型回路整形设计方法,同时多输入多输出定量反馈算法为伪随机模型选择提供了详细设计。离散的控制器以 20Hz 的频率直接设定。

130

表 6-4　控制器设计中的不确定性参数

不确定模型	离散参数	离散模型
空气动力学	气动参数、流场扰动	蒙特卡洛
弹道	马赫数、动压、速度、位置	相关蒙特卡洛
中间过程	质量、质心、惯性、燃料消耗	半相关蒙特卡洛
襟翼 &RCS	稳态增益、轴间耦合	蒙特卡洛
传感器/估算误差	马赫数、动压、速度、高度、姿态	相关蒙特卡洛

6.7　控制执行机构

IXV 的主要控制执行机构是 RCS 和襟翼(见图 6-11)。

IXV RCS 采用单组元冲压式发动机,以无水肼为推进剂。当其点火时输出固定控制力矩,因此,在轨和再入飞行期间,需设计适当脉冲宽度的调整序列来进行脉冲式点火得到近似的期望控制力矩。所有 RCS 阀门与配电器连接,配电器通过 RS422 从器载计算机接收到的基本指令来操控 RCS 阀门的开闭。IXV 整个飞行过程中都用到 RCS,包括再入飞行段。RCS 包括 4 个固定在飞行尾部平面上的 400N 小推力发动机,与垂面成 45°、与飞行器的尾部平面夹角 10°安装。

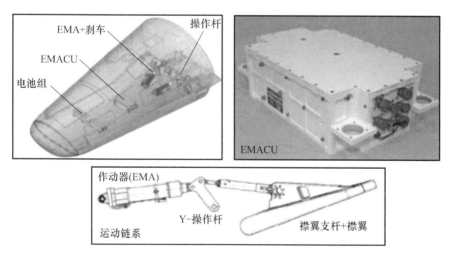

图 6-11　一体化的襟翼控制子系统

再入阶段满足动压条件时,IXV 利用两个襟翼作为控制系统的作动器。襟翼固定在飞行器的尾部,位于迎风面。2 个襟翼由 2 台机电作动器驱动,通过 1553　MIL 总线,器载计算机向机电作动器控制装置(EMACU)发出指令,EMACU 控制襟翼偏转以实现飞行轨迹和姿态的控制。图 6-11 为一体化的襟翼控制子系统。整个襟翼控制子系统至少能达到如下性能:带宽 30rad/s、襟翼活动范围 -19°~21°、运行速度限制 15°/s。这些参数对于 GNC 系统的设计和性能都非常重要。

6.8 飞行控制仿真

为了验证飞行控制是否满足任务需求,IXV 进行了 1000 次的 6 自由度蒙特卡洛仿真。结果显示:从分离到开伞,IXV 能够保持稳定并执行机动飞行,同时满足释放降落伞的条件和目标位置要求,确保了飞行器主动稳定且飞行运行在再入飞行走廊内,见图 6 - 12 ~ 图 6 - 16。

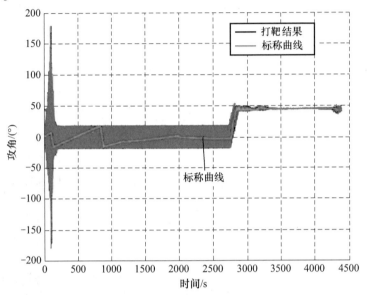

图 6 - 12 攻角与时间的关系

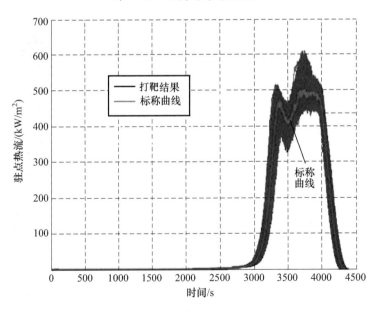

图 6 - 13 驻点热流与时间的关系

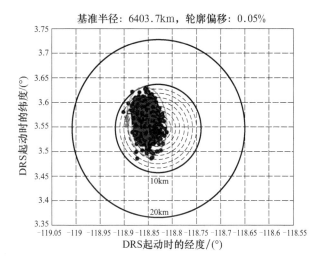

图 6-14 DRS 起动时的纬度和经度

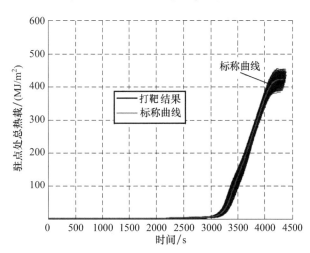

图 6-15 驻点处的总热流与时间的关系

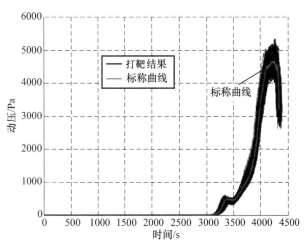

图 6-16 动压与时间的关系

6.9 飞行轨迹仿真

为验证飞行轨迹的鲁棒性,IXV 采用闭环制导进行了 4000 次的蒙特卡洛仿真分析。仿真过程覆盖了 IXV 惯性滑行段、再入段以及下降段(引导伞、高超声速减速伞、亚声速伞和主伞等不同阶段)。

仿真中考虑了入轨条件、环境和飞行器特征的不确定性。仿真结果表明:IXV 的任务规划满足气动热力学、下降回收系统区域以及下降过载等各方面的限制条件。在考虑不确定性对模型的影响后,6 自由度 GNC 仿真的结果也得到了类似的性能。所有性能评估表明,在系统弹道参数的限制条件下,仍然存在非常大的冗余。但是下降回收系统展开的窗口非常小,所以导致散布的边缘接近了该窗口的极限,见图 6 - 17 ~ 图 6 - 23。

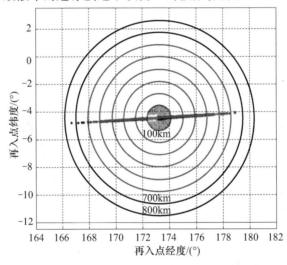

图 6 - 17 再入窗口的散布

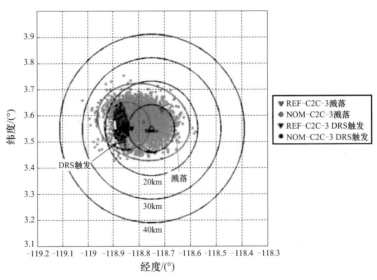

图 6 - 18 DRS 触发和溅落散布区域

134

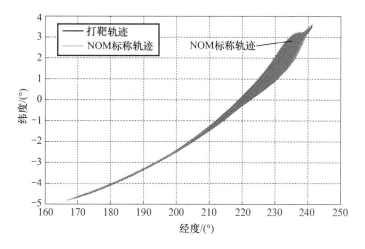

图 6-19 再入段星下点轨迹

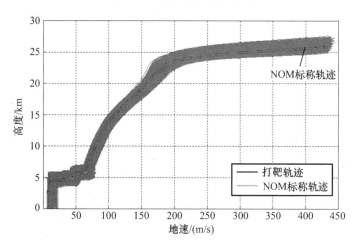

图 6-20 下降地速——高度剖面

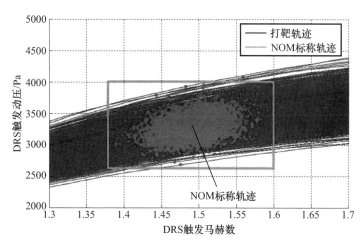

图 6-21 DRS 窗口适应性

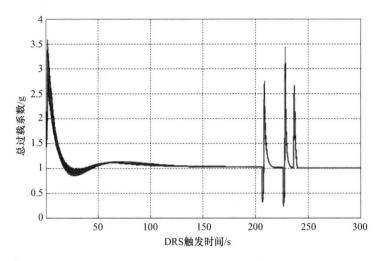

图 6 - 22   下降段阻力伞开启时总过载系数随时间的变化剖面

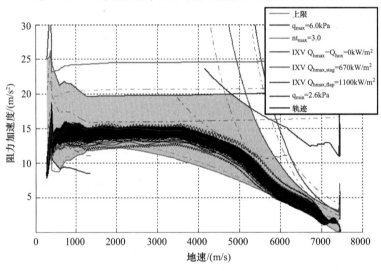

图 6 - 23   再入走廊

参考文献

[1] Zaccagnino E, Malucchi G, Marco V, et al. Intermediate eXperimental Vehicle (IXV), the ESA re-entry demonstrator. AIAA Guidance, Navigation, and Control Conference, 08 - 11 August 2011, Portland, Oregon, AIAA 2011 - 6340.

[2] Kerr M, Haya R, Penín L F, et al. IXV re-entry guidance, control & DRS triggering: algorithm design and assessment. AIAA Guidance, Navigation, and Control Conference , Minneapolis, Minnesota, 13 - 16, August, 2012.

[3] Belin S, Breazu A. Navigation architecture of IXV for direct and skip atmospheric re-entries. Satellite Navigation Technologies and European Workshop on GNSS Signals and Signal Processing (NAVITEC), 2010.

[4] Malucchi G, Zaccagnino E, Drocco A, et al. The European re-entry program, from IXV to ISV-GNC/avionics development status and challenges. AIAA Guidance, Navigation, and Control (GNC) Conference , Boston, MA August 19 - 22, 2013.

[5] Torngren L, Chiarelli C, Mareschi V, et al. Flpp re-entry in-flight experimentation: current status of the intermediate experimental vehicle (IXV). Proc. "The 6th European Symposium on Aerothermodynamics for Space Vehicles", Ver-

sailles, France, 3 – 6 November 2008.

[6] Verhoeven D, Renté D. Locking mechanism for IXV re-enry demonstrator flap control system. Proc. the 14th European Space mechanisms & Tribology Symposium-ESMATS 2011, Constance, Germany, 28 – 30 September 2011.

[7] Tumino G, Angelino E, Leleu F, et al. The IXV project: the ESA re-entry system and technolologies demonstrator paving the way to European autonomous space transportation and exploration endeavours. IAC – 08 – D2. 6. 01, 2008.

[8] Marco V, Contreras R, Sanchez R, et al. The IXV guidance, navigation and control subsystem: development, verification and performances. Acta Astronautica 124: 53 – 66, 2016.

[9] Haya-Ramos R, Blanco G, Pontijas I, et al. The design and realisation of the IXV mission analysis and flight mechanics. Acta Astronautica 124: 39 – 52, 2016.

第7章 IXV 电气系统方案

7.1 概　述

　　电气系统是飞行器上所有电气设备的统称,是实现对全飞行器进行供配电控制、监测飞行器在研制和飞行试验各阶段各种性能、实现对飞行器进行各种控制(如遥控、程控等)的重要系统,对飞行器的各种控制均要通过电气设备才能最终得以实施。

　　首先,通过它实现对全飞行器进行供配电控制和能源管理,是飞行器各电气设备正常工作的能源保障。

　　第二,通过它可测量飞行器结构、热控、发动机以及各电子设备等全飞行器各系统的各种性能数据、飞行环境参数以及整个飞行器的状态信息,所有这些信息和数据均由器载的各种传感器(如温度传感器、压力传感器、振动传感器、冲击传感器等)和采集电路进行采集,并经变换放大,按系统和类型进行打包处理,并采取合适的方式进行调制、传输,经发射机向地面测控站进行发送,经处理和判读后供地面相关人员使用。

　　第三,通过它接收地面测控站(在地面测试阶段可通过地面测试设备)发送的各类信息(包括控制信息、装订参数等),进行解调处理后,根据预先设定的传输方式传递给相应设备和部件,转换为相应控制设备,实现对飞行器的遥控控制。

　　第四,通过它实现全飞行器各系统间的信息传递,确保全飞行器各系统间工作的协调、统一。

　　第五,它还是实现对飞行器运动姿态参数进行测量,是实现飞行器导航、制导控制的信息传递部件和重要执行部件。

　　这样一个需要实现和完成对飞行器进行导航、制导、控制、遥测、遥控、供电、配电、信息传递和系统监测等任务的庞大而复杂的系统,就是电气系统。一般情况下,在飞行器系统配置上,它并不像结构、热控等系统一样是一个单独的系统,而是由多个分系统和设备组成,是飞行器整个电气设备的统称。该系统既可以实时监测飞行器飞行状态、在控制指令的作用下实现对飞行器进行控制,又可以在飞行器出现重大或致命故障需要自毁时实现自毁,还可以在飞行失败后,根据遥测得到的测量参数对飞行结果进行事后判读,分析失败原因,找出故障症结。

　　IXV 电气系统主要完成下列任务:

　　(1) 实现对全飞行器的供配电;

　　(2) 发射前,对全飞行器状态、接口、时序等进行测量、检查;

　　(3) 飞行中,测量、记录、发送飞行器飞行中的性能参数;

　　(4) 监测飞行器各分系统工作状态;

　　(5) 根据控制指令,实现对飞行器的导航、制导与控制。

IXV 电气系统设计的基本思路如下：

（1）电气总体设计与整个项目总的设计理念和思路密切相关，需要从整个项目的研制角度和需要出发开展电气总体设计，并贯穿于各分系统研制中。

在 IXV 研制上，进行电气系统设计时，根据项目研制周期、经费及任务需要，确立了基本设计原则，即在满足系统功能、性能的前提下，结构简单，并在此基础上完成了电气总体架构设计，确立了基本设计框架。在电气各分系统研制中，也贯彻了该研制思路。例如，在设计上，基本采用串行设计思路，甚少采用冗余特别是设备级冗余进行系统设计，只是在关键的供电电源和器上数据存储设备(IXV 为技术验证飞行器，收集各项数据是其主要任务使命之一)设计上配置了双冗余设备。这就是说，在飞行器项目研制过程中，必须从项目顶层需要出发开展电气总体设计，并以此指导、牵引分系统开展系统研制，不要见到单点就害怕，为了冗余而冗余，而要结合项目特点和任务开展分析和设计。

（2）基于商业成品(COTS)开展电气架构设计。

IXV 在进行电气系统设计时，并没有针对电气系统功能性能需求全面进行电气产品的重新研制，而是基于飞行器整体研制周期、经费等需要，采用了基于商业成品(COTS)的设计思路开展电气总体架构设计。虽然 IXV 是一种全新的高超声速再入飞行器，但它并没有按传统航天设计方法去针对电气系统开展全新研制，这种基于 COTS 的系统架构设计理念值得借鉴。

（3）集成化、一体化设计是电气系统设计的基本趋势。

在 IXV 电气分系统配置上，除了专业性较强或较为特殊的电源、射频天线、测量传感器等配置了相应的电源系统、遥测跟踪系统、测量系统外，在硬件上，并不像其他卫星那样配置 GNC 系统、数据管理系统等，而是统一设计为数据处理系统，集导航、控制、数据采集和处理为一体，采用高可靠计算机技术进行集成化设计。另一方面，IXV 的供电电压设计上，除 IMU 外，所有部件设计为 28V DC 供电工作，取消了早期设计的 DC/DC 变换器，大大减少了设备数量，同时也降低了设备热载荷，有利于热控系统设计。也就是说，在进行先进飞行器设计时，应打破传统研制模式，从系统顶层规划，采用集成化、一体化思路开展电气系统研制。

（4）全飞行器所有射频部分统一设计，充分发挥专业特长。

IXV 遥测跟踪系统其实就是由全飞行器所有天线、发射机等射频部分组成的一个系统。虽然从信息关系上来看，组成该系统的三部分相互之间并没有接口关系，但 IXV 还是将它们归为一个系统，这样，就能充分发挥射频研制部门的技术优势，确保各部分间的相容性。另外，IXV 要实现高速再入飞行，飞行器表面有一层较厚的热防护层，在射频天线研制时，需要综合开展相应设计，将所有射频天线归为一个系统，可以实现技术、试验等方面的共用，降低研制成本，缩短研制周期。

（5）采用以太网实现飞行器与地面进行通信。

IXV 设计时，统一配置了电气地面支持设备，用于飞行器各阶段的测试。EGSE 与飞行器的接口设计上，通过脐带电缆的接口除了常规的地面电源供电接口、母线电压监测接口、器载计算机通信串口和测量参数 LVDS 接口外，还采用以太网实现与地面进行通信（脐带电缆中没有 1553B 接口）。

7.2　电气总体架构

在电气总体架构设计上,IXV 设计的基本思路是:在满足系统功能、性能的前提下,结构简单,研制周期与项目任务相匹配,开发成本尽量低。在此原则下,IXV 电气系统总体设计采用了基于商业成品的设计思路并采用一体化、集成化设计,采用统一供配电方式。除 IMU 外,所有部件设计为 28V DC 供电工作,取消了早期设计的 DC/DC 变换器,大大减少了设备数量,同时也降低了设备热载荷,有利于热控系统设计。

IXV 整个电气系统架构以 LEON2-FT 微处理器为核心、以 1553B 总线为基础、以一系列串口和以太网为支撑进行构建,有 300 余个传感器(含常规传感器和先进传感器)用于飞行性能参数采集,所有接口的选择与设计以满足整个飞行器测试数据的可靠传输为前提。为了确保整个系统的可靠性,在结构简单的原则下,IXV 从系统层面出发,设计了局部冗余(如电池)和功能冗余(如部分试验数据既存储在大容量存储器中,同时也通过遥测下传)。

图 7-1 示出了 IXV 整个电气系统架构。

整个电气系统分为两层:功能层和试验层。

功能层负责 GNC 任务,记录功能层遥测(包括 GNC 遥测、飞行器健康状态),并采用双冗余飞行记录仪记录功能层遥测。功能层以 1553B 总线为基础,由器载计算机(OBC)、IMU、GPS 接收机、数据采集装置以及 24Gbyte 的飞行记录仪等组成。

试验层负责飞行试验数据的管理。该层以简单高效为设计原则,基于有限状态机制通过传感器进行数据的采集。测量传感器类型包括压力、温度、应变、位移、加速度以及红外摄像机。与功能层类似,试验层也采用先存储然后通过事后回放的方式来应对因地面站不连续接收状态(测控覆盖区域外飞行)的问题,它也采用双冗余试验记录仪对器上数据流进行存储。

飞行器配置有信标链,由 2 个冗余的信标和一个独立的电源组成,可在主系统失效时确保信标的功能。

从系统组成来看,IXV 电气系统主要包括数据处理系统(DHS)、电源系统(EPS)、遥测跟踪系统(RTC)、测量系统。为了实现对飞行器的测试,地面配置了电气地面支持设备(EGSE)。为了实现飞行中器地通信,地面配置有地面测控通信系统。

电源系统主要用于实现对全飞行器进行供配电。

遥测跟踪系统主要包括 GPS 接收天线、低噪放(LNA)、发射机、功分器及遥测天线等。

数据处理系统是整个飞行器的控制核心,包括 2 个独立层,负责收集试验数据和遥测数据,并实现对飞行器的控制。

测量系统主要是指各类传感器,主要作用就是按照飞行试验计划描述和规定的各种科研目标和要求进行系统测量。

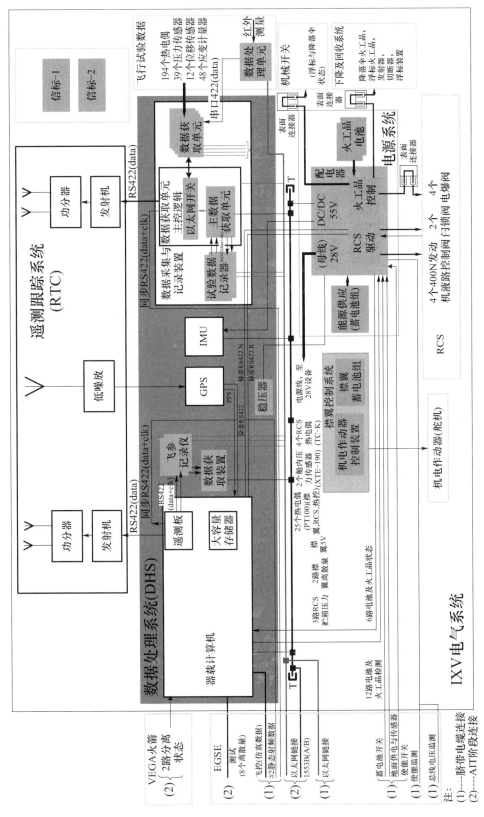

图7-1 IXV电气系统架构

141

7.3　电源系统设计

IXV全程采用蓄电池组进行供电,全器采用统一供配电体制。针对不同的用电需求,飞行器上设置了多台蓄电池组。2台28V蓄电池组为器上电气设备供电,2台冗余的火工品电池组为各火工品及电爆阀等供电。另外,针对襟翼控制子系统,配置了襟翼蓄电池组。

在供电体制设计上,电源系统还设置了1台配电器,电源母线电压为28V。整个飞行器,除IMU采用55V供电外,其他所有设备均采用28V供电,并取消了早期设计的DC/DC变换器,大大减少了设备数量,同时也降低了设备热载荷,有利于热控系统设计。为了保证供电的高可靠性,设计中,借鉴了其他航天项目(如GAIA、Sentinel-1或ATV)的研制经验。为了实现蓄电池组的开关控制以及系统状态监测(包括约束状态监测和总线电压监测等),在电源系统与电气地面支持设备(EGSE)间设置了相应接口。

考虑到地面测试及检测的便利性,IXV在进行火工品电路设计时,在飞行器表面便于操作的地方设计了功能复用的表面电连接器。一方面,在飞行过程中,通过这些电连接器实现各火工品、电爆阀等与火工品控制电路相连,用于对火工品的起爆控制等。另一方面,在地面,可通过这些电连接器进行火工品的短路保护和回路的测试。第三,在地面测试时,还可通过这些电连接器连接火工品等效器等装置,完成全器测试。

7.4　遥测跟踪系统设计

IXV遥测跟踪系统用于实现飞行器测量参数的下传,遥测下行速率为1Mb/s,同时,还实现GPS卫星接收功能。它主要由三部分组成:

(1)飞行器功能参数传输模块,主要包括发射机、功分器(也称分路器,下同)以及发射天线,它通过RS422与器载计算机相连;

(2)飞行器试验测量参数传输模块,由发射机、功分器以及发射天线组成,它通过RS422接收数据采集装置参数;

(3)GPS射频模块,包括GPS接收天线与低噪放,它通过射频电缆与GPS接收机相连。

遥测跟踪系统结构图如图7-2所示。

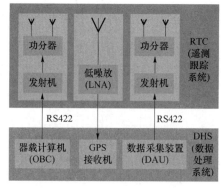

图7-2　遥测跟踪系统结构

从 IXV 整个电气系统设计来看,虽然从信息关系上来看,这三部分相互之间并没有接口关系,但在系统划分时,不管是遥测天线还是 GPS 接收天线,器上所有天线均划归遥测跟踪系统,由该系统统一设计与研制,充分发挥射频研制部门的技术优势。

7.5 数据处理系统设计

数据处理系统是整个飞行器的控制核心和数据采集中心,实现对飞行器的控制及试验数据的采集和处理。该系统以器载计算机为核心,并配有飞行参数记录仪和试验数据记录仪,用于存储飞行器测量和试验数据。该分系统还包括 GPS 接收机、IMU、数据处理单元、数据采集装置、飞行记录仪、试验记录仪等设备。

数据处理系统负责对功能层遥测和试验层数据的采集、存储、记录和传输(含实时传输和延时发送)。通过 1Mb/s 下行链路将收集到的飞行器功能层和试验层数据传回地面。试验层和功能层均配置数据采集装置。

试验层数据采集装置用于对飞行器各相关参数进行采集,共配置有 194 个热电偶传感器、39 个压力传感器、12 个位移传感器、48 个应变传感器以及一台红外相机。

功能层数据采集装置配置 29 个热电偶用于采集襟翼控制子系统、RCS、热控系统等的温度信息,配置 2 个压力传感器采集舱内压力。此外,器载计算机还负责采集 3 路 RCS 储箱压力、2 路襟翼控制系统离散量、6 路电源系统状态信息以及 2 路器箭分离状态。

如图 7 - 2 所示,数据处理系统与遥测跟踪系统间采用 RS422 进行遥测参数传输,遥测跟踪系统采用两套相互独立的数据链分别传输功能层和试验层遥测参数。

IXV 与 Vega 运载火箭间的电气接口主要是两路分离状态,通过器载计算机进行采集。

数据处理系统与电气地面支持设备间设计有相应接口,用于地面测试时使用,主要接口类型包括以太网、1553B、与器载计算机遥测模块间的同步 LVDS(数据 + 时钟信号)、与数据获取装置控制逻辑模块间的同步 LVDS(数据 + 时钟信号),以及异步通信接口和部分离散量接口等。

7.6 测量系统设计

IXV 飞行测量的主要作用就是按照飞行试验计划描述和规定的各种科研目标和要求进行测量。IXV 是一种过渡性试验飞行器,获取飞行中的各项试验数据是其重要目的之一,因此,在 IXV 上配置了大量传感器用于测量飞行器各性能参数,IXV 测量系统即是由各类传感器所组成的系统。

IXV 测量系统主要是指各类传感器,包括常规传感器和先进传感器,主要包括:

(1)先进测量传感器,如高温计、分光仪、红外成像仪、表面摩擦传感器、组合式压力通量探头。

(2)常规测量传感器,即热电偶、压力传感器、应变计、位移传感器、热通量传感器。

对于先进测量传感器,一般需要由不同的子组件(如热、冷机械接口)构成的复杂仪器组件,还需使用可获取和调节信息的专门电子装置。在各先进试验的具体设计中,指定专门的试验设计者,负责收集初步信息和可行的设计。

对于常规测量传感器,测量仪器主要为商业现货元件,这些元件与项目要求的兼容性已通过验证,主要问题是关于如何从力学和电学的角度将其集成到 IXV 飞行器上。

7.6.1 先进测量传感器

作为 IXV 基准测量仪器一部分的先进测量传感器,其构成如表 7-1 所示。

表 7-1　先进测量传感器

先进传感器		
缩写	名称	试验的设计方和参与方
ADS/CFP-1	嵌入式大气数据系统/组合式通量压力探头(类型 1)	德国宇航中心 – 斯图加特分部/德国宇航中心 – 科隆分部/德国 HTG-HSR GmbH 公司
PYR	高温试验传感器	IRS 斯图加特分部
SPT	分光仪 – 再入分光仪	IRS 斯图加特分部
IRC	红外照相机	RUAG/德国宇航中心 – 科隆分部
CFP-2	襟翼组合式热通量压力头(类型 2)	意大利宇航研究中心/德国宇航中心 – 科隆分部
CFP-3	组合式热通量压力探头(类型 3)	意大利宇航研究中心/德国 HTG-HSR GmbH 公司
SFS	滑流传感器	德国 HTG-HSR GmbH 公司/意大利宇航研究中心

嵌入式大气再入系统装置测量攻角、侧滑角、动压和马赫数,目的是提供飞行器再入过程的大气环境与器载计算机 GNC 算法之间的数据联系,以实现飞行器在整个飞行包线中的安全和可靠控制。嵌入式大气数据系统试验主要由一个组合式热通量压力探头(类型 1)传感器主导,该传感器经过适当改装或设计后可集成到端头帽上。但安装于 IXV 上的嵌入式大气数据系统不是功能元件(不用于飞行器控制),而是用于搭载试验。

组合式热通量压力探头能够在同一位置测量温度、热通量和压力等 3 种参数,分布在飞行器不同区域上,压力测量范围为 $0 \sim 100$ mBar、通量范围为 $0 \sim 1200$ kW/m²,测量精度高于 3%。每个组合式热通量压力探头传感器都由传感头和转换器构成。传感头位于飞行器外表面,含有一个带测压孔的热量计。需要注意的是,根据要求的不同,组合式热通量压力探头可区分为两种类型:一种是襟翼组合式热通量压力探头(适用于嵌入式大气数据系统),另一种是飞行器组合式热通量压力探头(位于飞行器底部或背风面)。因为这两种组合式热通量压力探头系统的详细设计及相关研发阶段完全不同,所以对这两种进行区分显得非常重要。图 7-3 展现的是组合式热通量压力探头类型 1 和类型 2 的传感头初级方案,两种传感头都安装于陶瓷基复合材料部件上。

对组合式热通量压力探头类型 3 和滑流传感器,主要是因为需要考虑不同传感器结构配置,以探讨下列可能性:在传感头内安装压力转换器;或解除传感头功能(取压孔和热量计)与压力测量的耦合,压力测量主要依靠冷结构内部安装的压力传感器完成。图 7-4 给出这种设计。

图 7-5 展示了再入分光仪系统的功能架构,其中 2 个独立分光仪集成在一个传感器装置内。

高温试验传感器的主要功能是在端头内及迎风面的 6 个不同位置上,对背面温度分

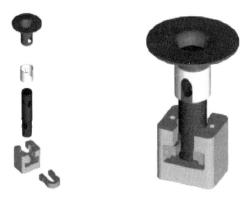

图 7-3　组合式热通量压力探头类型 1 和类型 2 的设计简图

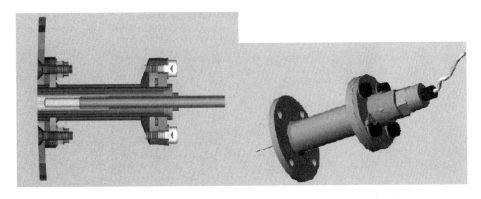

图 7-4　组合式热通量压力探头类型 3(传感头与转换器分离或集成)

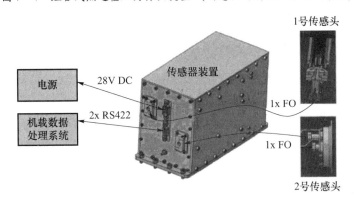

图 7-5　再入分光仪传感器系统结构

布进行无接触的测量,测量范围为 300~2000K;目的是在飞行后的分析和数据整理过程中,复原热通量的变化过程,如图 7-6 所示。

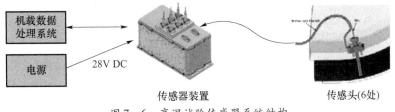

图 7-6　高温试验传感器系统结构

红外照相机测量襟翼背面的空间温度分布,测量范围为300~2300K;并且在飞行后的分析和数据整理过程中,复原迎风面上热通量的变化过程。图7-7展示了红外照相机试验示意图,其中给出安装潜望镜的可能位置。

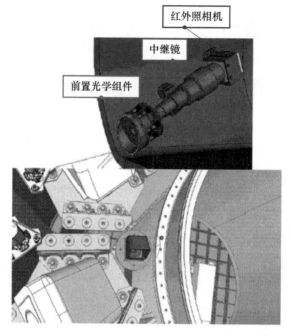

图7-7 红外照相机试验示意图

7.6.2 常规测量传感器

常规测量传感器为商业成熟产品,在进行传感器选型时,遵循的基本原则如下:

——传感器必须要满足主要技术指标要求;

——优先选用经飞行试验验证的产品;

——质量和尺寸必须尽可能小。

常规传感器初步分为5种类型,见表7-2。除此之外,气动力数据测量还需选用相应加速度计和陀螺测试仪。

表7-2 常规传感器的初步预案

传感器类型	传感器数量
热电偶(TC)	252
压力(PS)	134
热通量(HF)	26
防热系统位移(DI)	16
防热系统应变(SG)	26
总数	454

注:此为初步设计时常规测量传感器配置数量,后经优化,最终使用的传感器为300余个。

为了确定模型表面整个迎风侧的热流率,需要得到精确的时间分辨的温度数据。因

146

此,使用了红外相机 ThermaCAMSC3000,其成像率为每秒 60 帧,对长波红外范围(8～9μm)敏感。为了获得最大表面面积的最佳视角,IR 相机被安装在试验舱内喷嘴出口的上方,测试过程中试验舱会被抽空。因此,红外相机被集成在一个具有锗窗口的加压箱内。该装置需要对整个光路进行标定,以精确评估穿透率。标定时采用具有确定发射率的黑体辐射器。

IXV 再入飞行器为长 4.4m 的细长体,装有仪器设备以便获取其在以高超声速再入的 30min 内的性能详情。溅落前以 1～10Hz 的频率记录采集到的信息并通过遥测技术将其发送至地面。黑障区阶段发生传输延迟。测量数据描绘出防热系统的总体加热状况和性能的特点,同时还捕获气动热力现象,例如:催化加热和激波边界层干扰。

飞行器中传感器定义与配置的目标是将数据的数量增至最大,同时将传感器数量减至最少。共计 20 个热电偶和 9 个压力传感器用于端头罩以捕获 SepcarbInox® C-SiC 复合材料端头的攻角、驻点压力和热梯度。位移传感器和高温应变计记录力荷载并测量端头罩与飞行器结构之间的胀差。传感器组合还将用于迎风面 TPS,以测量梯度、压力与步长。将涂层盖板应用于一个仪表板以测量陶瓷材料在再入期间的催化级别。

使用烧蚀材料覆盖 IXV 的背风面、侧面与底部。其状况需要专门设计的热电偶测量系统测量。使用允许襟翼自由运动的制导系统中的热电偶对飞行器后部的襟翼和铰链进行测量。装有透镜光学装置的红外摄像机(基于蓝宝石镜反射)生成襟翼热图。然后,通过逆解法将派生热图用于确定迎风面温度。红外光学装置结合旋转式过滤器以允许单独测量温度与发射率。为便于传输压缩图像,将它们保存在用于分析图像并设置摄像机增强与曝光的数据处理装置中。

传感器设计中的尺寸驱动系指在 30min 的再入期间维持的高热流。

IXV 项目的主要目标是在飞行中验证所有从近地轨道自动再入的关键技术的系统等级。在这些关键技术中,格外关注气动力与气动热以及热防护系统。

如果未对估算再入热流时使用的数值分析工具进行飞行验证,那么估算通量会出现很大的不确定性,反而会导致热防护部件的尺寸过大。这同样适用于气动参数的估算,其不确定性主要是由真实气体效应导致的(尤其是涉及操纵面效率)。IXV 在再入期间的气动加热情况如图 7－8 所示。在这种情况下,IXV 将为典型环境提供关于大多数关键气动力热现象的有用数据(再入速度为 7.5km/s),其目的在于切实、大幅减少不确定性。

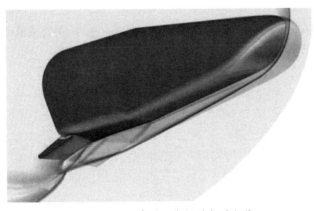

图 7－8　IXV 在再入期间的气动加热

对于热防护系统的相关问题,再入环境的严苛导致若干临界状态(例如:接口处的热膨胀、连接处、密封件、缝隙、台阶和奇点),从而使符合任务与系统要求的解决方案的设计变得极为复杂。由于不了解再入环境中陶瓷基复合材料部件的表面特性(即:催化和氧化),因而这方面变得更为突出。研究 IXV 的飞行数据将允许验证、描述并最终完善热防护系统设计策略(例如:质量减少、扩展飞行包线)。

为实现上述目标,已经为 IXV 选择了两类主要的实验:

(1)热防护系统实验的目的在于验证热防护系统在再入期间的绝缘能力与力热性能。热防护系统包括碳纤维增强碳化硅(SepcarbInox® C-SiC)端头罩与迎风面板、背风面与侧面上的软木基复合烧蚀材料,以及飞行器底部和用于操纵飞行器的 Keraman® C-SiC 铰链面板与机身襟翼组件。

(2)气动力及气动热实验的目的与气动热现象相关,特别是:

- 真实气体效应
- 襟翼表面效率与气动热力学
- 激波 – 激波干扰
- 激波边界层干扰
- 湍流加热
- 层流向湍流转捩
- 基础气动力学与气动热力学
- 稀薄气体动力学和连续空气动力学
- RCS 效率
- 材料催化特性
- 过渡性分离
- 凹穴处加热
- 材料氧化效应

7.6.3 传感器设计架构

传感器主要测量三个部位:位于热防护表面的部件(例如热电偶和压力传感器)、位于支架上的传感器(如应变计)以及位于飞行器内部(冷结构)的传感器。关于此架构如图 7 -9 所示。

IXV 面临的最大挑战是再入阶段的持续时间较长。延长陶瓷暴露于高温中的时间使得 C-SiC 陶瓷和热电偶的铂包覆层之间发生固态反应(见图 7 - 10)。此外,必须将高熔点金属和陶瓷绝缘用于压力管和位移传感器。

将非氧化物陶瓷涂层喷涂在铂包覆层上以免损坏热电偶。覆有涂层的热电偶具有的挠度足以适用于襟翼区域,在该区域热电偶受到重复挠度的影响(端位置之间形成一个 40°的角)。

由于对襟翼上热电偶进行长度补偿,所以将由因科镍合金(Inconel)制成的梳式系统用于外襟翼支撑结构的内部(见图 7 - 11)。在梳式系统的前后方夹紧热电偶以免拉紧连接的传感器,同时确定其在襟翼上的路线。

两个 Inconel 板之间需要一个传感器以免弯曲。将梳式系统以及夹紧系统固定在剪

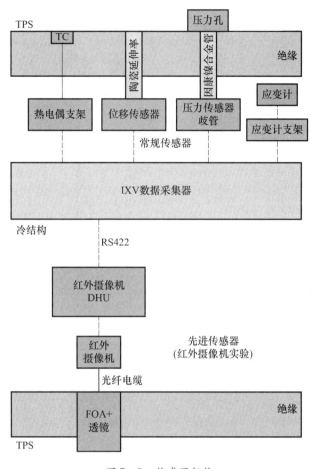

图 7 - 9　传感器架构

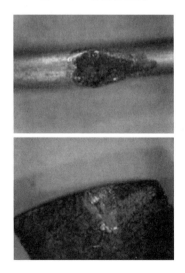

图 7 - 10　Pt 热电偶和 TPS 表面在 1200℃ 的温度中持续 1800s 后的受损情况

切销上,整个装置覆有陶瓷纤维绝缘层以便靠近襟翼支架并避免任何等离子体渗入。与飞行器整合前,将装有传感器的梳式系统放至支架中。由于将最后安装襟翼,因此传感器

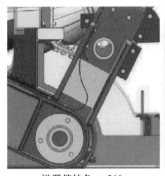  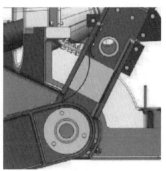

襟翼偏转角：-21°　　　　襟翼偏转角：0°　　　　襟翼偏转角：19°

图 7 - 11　襟翼热电偶的控制

在机身襟翼上的集成与路线确定均应在飞行器上完成。

加热后,使用 S 型热电偶进行寿命挠曲试验。传感器在试验期间性能并未降低。所实施的循环次数如表 7 - 3 所示,这些次数来源于计划的制导方案(包括相关安全系数)。

表 7 - 3　挠曲循环寿命试验

角度范围	循环	已实施循环
-2° ~ +2°	4060	4290
-24° ~ +15°	360	482

确定热电偶在陶瓷热防护表面上的排列,允许波纹横穿表面,从而了解陶瓷基片的热膨胀差异(见图 7 - 12)。

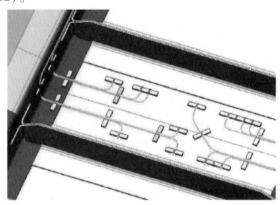

图 7 - 12　将热电偶放置在面板上

IXV 的背风面、侧面和底部均覆有烧蚀材料。测量烧蚀材料特性需要一个专门设计的、适用于烧蚀材料特性的热电偶测量系统。

最初的设计设想将成对的、装有保护套的热电偶引入烧蚀材料,以便最外面的热电偶位于表面上,而第二个热电偶则位于与飞行器结构的接口处。驻点试验表明:通过热电偶保护套进行热传输至关重要,并证明测量不真实。修改设计以便包括 3 个暴露的测量元件,其中第一个元件嵌在表面上,而第二个元件则位于烧蚀材料的中部平面,第三个元件位于烧蚀材料和冷结构之间处。最终的传感器如图 7 - 13 所示。

压力测量需要一个位于飞行器陶瓷外蒙皮上的压力孔,其连接方式是管接至飞行器

150

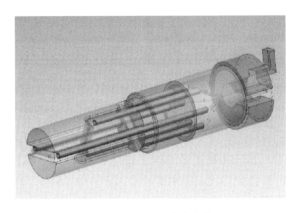

图 7 - 13　烧蚀型热电偶

内部的压力传感器。与热防护系统制造商合作共同研发压力孔,从而允许 C-SiC 端头罩和陶瓷瓦制造过程中的共渗。改变相邻压力孔入口的倾斜度以便测量蒙皮摩擦效应。

　　上述压力孔将热等离子体与飞行器内部直接相连,因此承受极大热梯度和力热载荷。压力孔故障或渗漏将是灾难性的,因此其设计应能在不增加周围 C-SiC 陶瓷压力的情况下承受再入热负荷。该设计将稳定氧化锆陶瓷套管作为绝缘体以减少至飞行器内部的热传输。通过使用压缩石墨制垫圈将该套管与压力孔分开,垫圈还抑制管道的移动和发射时声、震荷载的任何传输(见图 7 - 14)。

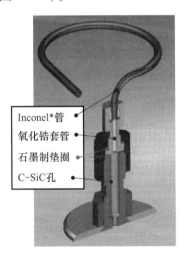

图 7 - 14　压力孔设计

　　陶瓷压力孔与横切陶瓷纤维绝热层的 Inconel 管(直径为 4mm)接合,然后固定到飞行器结构上。管系变更为特氟龙进入飞行器内部并与安装有传感器的承压集管接合。管道弯曲度吸收了飞行器固定点(温度为 140℃)和陶瓷套管接口(温度为 1000℃)之间的不均匀热膨胀。

　　设计压力传感系统时,主要内容是实时获取压力微小变化的能力。在完成实验工作台建议的几何结构后,设计两个备用套管几何结构并测量延迟,从而将管系液压延迟与入口效应降至最小(见表 7 - 4)。

表 7 - 4　液压延迟与管道长度的对比

配置	0.8m	1m	1.2m
短套管@ 50hPa	9.44ms	11.11ms	15.00ms
短套管@ 10hPa	35.78ms	30.22ms	34.11ms
长套管@ 10hPa	21.22ms	26.89ms	34.67ms

上述延迟远远低于 100ms(10Hz)的采样率,因此可视其合格。

由于在极低压情况下(低于 10hPa)进行测量,因此要注意压力系统对输入电压变化与传感器温度的灵敏度。通过选择正确的传感器与专用校准程序确定并减少误差源的数量。监控承压集管的温度以允许飞行后补偿。

烧蚀材料的压力孔具有一个穿过烧蚀材料且与金属嵌件接合的氧化锆尖端,嵌件的另一端则与特氟龙管耦合(见图 7 - 15)。

使用位移传感器在飞行中测量相邻热防护装置之间的台阶演变,特别是由于该区域的高温变化导致机头和迎风面热防护之间出现的台阶。根据设计,位移传感器被置于飞行器的外表面并能够穿透等离子体的密封(见图 7 - 16)。

 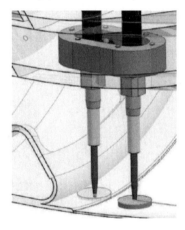

图 7 - 15　烧蚀材料压力孔设计　　　　图 7 - 16　位移传感器

位移传感器与 LVDT(线性可变差动传感器)传感器合并在一个铝制壳体内。行程元素指热传导率不良、热膨胀极低的陶瓷点。传感器可探测 ±5mm 的行程距离中 0.2mm 的移动。

该计划早期的测试说明 C-SiC 的表面过于粗糙而无法进行无误差测量,由于面板相对于飞行器结构的移动,因此应注意最终摩擦系数较高的问题。已决定在陶瓷瓦上包覆粘结层以使接触面变得平滑。

为了验证传感器的散热与机械设计,将其包含在具有代表性的测试装置(包括面板及其绝缘层)中,然后在高热焓设施中进行测试。

另一种机械传感元件用于测量机头和迎风面热防护的金属支座上的力。为此,将高温应变计置于支座上。

选择使用长 10mm 的温度补偿密封应变计测量应变,其中温度的操作限值为 750℃ ,并允许将 Inconel® 套管焊接至托架。应变计将电阻为 120Ω、应变极限为 ± 10000μm/m

的半桥传感器与热补偿用虚释热元件合并。

　　每个托架具有 4 个应变计(见图 7 - 17)以明确界定弯曲度、扭矩或绝对单向载荷。虽然弯曲区域表示应变较高,但是必须将传感器置于平直区。

图 7 - 17　支座和测量点的荷载区域

　　为了允许模块式集成方法,应使用电缆将应变计连接至连接器,而且电缆连接单臂电桥(用于对已测应变实施温度补偿)。

　　通过点焊 K 型热电偶监控这些支座的温度。将根据荷载与温度测试装有测量仪表的支座与托架,从而确定其性能基础,然后给它们垫入填片并使用螺栓固定至冷结构。虽然应变计无法记录发射应变,但是将记录所有再入荷载,包括飞行溅落时的初始荷载。

　　红外摄像机实验旨在测绘机身襟翼在再入阶段的连续(25 Hz)高分辨率背面温度图(适用于整个偏转角范围)。

　　近红外摄像机使用透镜光学装置(具有窄频带膜层的蓝宝石镜)观察襟翼区域。为了将红外摄像机上的热荷载减至最少,使用光纤波导从而将其放置在飞行器内部。

　　红外光学装置结合 3 个波长过滤器以允许单独测量温度和发射率,允许纠正襟翼角位以及联氨和烧蚀材料的烟尘污染。然后,使用派生热图从而根据逆解法确定迎风面温度。

　　红外摄像机在四插件框架中与中央数据处理装置、具备调整和分配电源的电子盒、模拟到数字信号转换、中央处理器、冗余固态储存器和输入/输出板进行通信。减震元件和不透水密封确保其在着陆和飞行器打捞操作时不受损坏。该装置与外部连接器连接,从而允许使用飞行器集成后的数据。数据处理装置结构如图 7 - 18 所示。

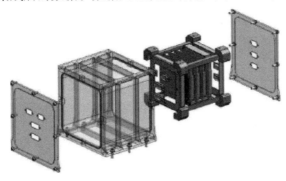

图 7 - 18　数据处理装置

　　为了记录整个任务期间各种温度下的图像,必须变更红外探测器的曝光时间。为了推导出正确的曝光时间估算值,应运用能够分析已记录图像的灰度级内容的运算。根据此分析,数据处理装置变更下一张图像的设置。因为摄像机比运算的速度快,所以在将第2张图像记入中间缓存器后作出变更。修改增强与曝光速度以允许测量整个温度范围(从300℃至2000℃),其中误差为10°。

尺寸过大的图像无法使用遥感技术。为了实现频带压缩,需整合若干数据压缩方法。表7-5汇总了各阶段图像压缩比。

表7-5　图像压缩

阶段	数据传输速率(kb/s)	压缩比
原始数据	32768	1:1
瞬时二次采样	655.4	50:1
研究区	524.3	62:1
空间二次采样	131.1	250:1
无损压缩	87.4	375:1

7.7　襟翼控制子系统

IXV配置的襟翼控制子系统并不属于电气系统,但考虑到航天传统上归属于电气系统,因此在本章也进行一并介绍。

IXV襟翼控制子系统的目标是:再入返回阶段,当气动控制面的效能随动压增加而增加时,通过襟翼的转动和控制位置实现对飞行器的飞行控制。该系统由机电作动器控制器、襟翼蓄电池组、机电作动器等构成。机电作动器源于织女星火箭。工作时,通过1553B总线,由器载计算机向机电作动器控制器发出相应指令实现对作动器的控制,进而实现对飞行器的飞行控制。机电作动器由专用的襟翼蓄电池组供电,控制器采用28V电源,由全飞行器进行统一供配电。图7-19为一体化的襟翼控制子系统。

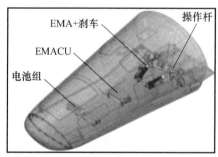

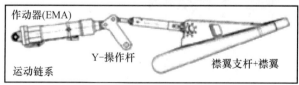

图7-19　一体化的襟翼控制子系统

再入返回阶段,满足动压条件时,IXV利用两个襟翼作为控制系统的作动器。襟翼固定在飞行器的尾部,位于迎风面。整个襟翼控制子系统达到主要性能为:带宽30rad/s、襟

翼活动范围 −19°~21°、运行速度 15°/s。

7.8 主要单机方案

7.8.1 导航敏感器

IXV 在系统配置上,并没有在硬件上设置单独的 GNC 分系统,GNC 相关设备分属在不同的系统中。其中,器载计算机、导航敏感器划归于数据处理系统,而 GPS 天线及低噪放划归于遥测跟踪系统,作动器(舵机)及机电作动器控制装置(EMACU)归属于襟翼控制子系统,电源则由电源系统提供。图 7−20 给出了 GNC 相关的硬件(敏感器、作动器、电源与器载计算机等)及主要接口关系。

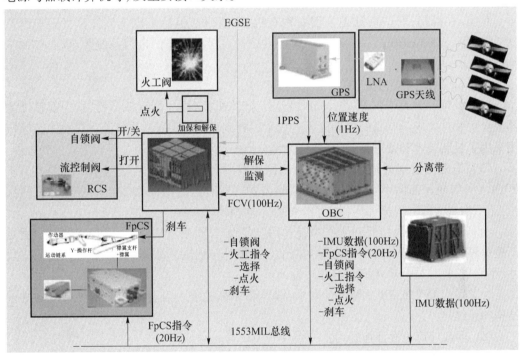

图 7−20 GNC 相关硬件和接口关系图

IXV 整个在轨飞行时间较短,从与上面级分离至到达 120km 再入点时长约 46min,因此,在导航敏感器配置上,并没有配置卫星常用的在轨敏感器。其所配置的敏感器包括 IMU 和 GPS 接收机两类。

GPS 包括低噪声放大器(LNA)、接收天线以及 GPS 接收机。低噪声放大器用于实现对接收的射频信号的功率放大,并将放大的射频信号送入 GPS 接收基带处理板,且在基带处理模块完成导航定位解算。GPS 接收机支持基于 IMU 的导航,具有精确定位、测速和授时功能,实现 GPS 信号的解析和处理,并以 1Hz 发送至器载计算机。精确的导航算法以具有 100ns 精度的 1PPS(脉冲/秒)秒脉冲信号为时间基准进行设计。GPS 采用 SpaceNav BAe 公司的设备,它为 IXV 提供位置、速度和时间的测量数据,这些数据主要用于更新导航系统的位置和速度信息,在任务的不同阶段消除导航误差。

IMU 采用泰雷斯公司的 QUASAR 3000,曾在阿里安 5 和 Vega 火箭上成功使用。IMU的工作频率为 200Hz,GNC 系统的采样频率为 100Hz。它为 GNC 提供飞行器姿态四元数、欧拉角、角增量和速度增量等参数,通过 1553B 总线以 100Hz 的频率传递给器载计算机。

7.8.2 高可靠器载计算机

IXV 采用基于 QinetiQ 的器载计算机技术进行控制。QinetiQ 空间分隔支持器载计算机,使 GNC 系统核心可靠性达到 99.997%,确保 IXV 全自主再入返回可靠性。该计算机提供给飞行器必要的智能,用于安全地返回飞行,计算优化的飞行角度用于再入大气飞行,并尽可能控制着陆区。该器载计算机继承于成功的高可靠自主卫星 ADPMS 的器载计算机。

其实,在最初设计时,计划采用一种飞机类计算机,但后来发现该计算机不能满足IXV 任务需求下的必要可靠性要求。这种挑战来自于高可靠的电气系统需求,具体要求如下。

(1) 可靠性不小于 99.99705%。

(2) 处理能力大于 50MIPS,对于 PROBA 计算机,这样才能有效运行,这主要是因为器载自主软件要求具有高的处理能力。为了达到该目的,PROBA 器载计算机面向空间应用采用了最新技术和处理器,而其他绝大部分空间计算机仍然采用基于较老式的处理器。

(3) 集成化数据处理、数据获取、遥测跟踪与控制(TT&C)以及 GNC 功能。由于PROBA 计算机是面向小卫星设计的,因此需要将所有这些功能集成在一个计算机模块中,而不像绝大部分卫星那样将它们分布在不同模块。

(4) 严格的质量、功耗和体积约束下,不允许配置冗余结构,这也就意味着为了满足上述可靠性而不得不采用串行结构。由于小卫星计算机的采用,从设计上也就按照小尺寸、小质量,特别是低功耗等要求开展设计。

为了适应 IXV1553B 总线设计要求,该器载计算机唯一需要改变的是计算机的机械结构和总线接口。

IXV 器载计算机设计途径为:

① 严格按照内部开发的 ADPMS 器载计算机进行设计,仅对总线接口进行适应性更改,使之既能作为远程终端(RT),也能作为总线控制器(BC);

② 基于现有的已集成在器载计算机架构中的 IP 进行总线接口设计;

③ 在 BIOS 中增加一个快速引导场景,以便在飞行的紧急状态下进行快速重启。

基于新的 1553B 军用总线设计的主要特点包括:

(1) 将 VHDL IP 核集成入计算机结构体系中;

(2) 开发基本软件——驱动程序(在实际 IP 核和应用软件之间);

(3) 开发 BIOS 软件,以便在器载计算机启动时,新的总线模块能进行正确识别和配置。

很重要的一点需要注意的是,该计算机覆盖了各方面的要求,且所有要求均通过集成方式得以实现。图 7-21 给出了设计完成后的器载计算机实物照片。

整个器载计算机设计完成后,进行了充分的地面试验验证。为了确保 IXV 飞行的成

图 7 - 21　集成化的 IXV 器载计算机(OBC)

功,需要在各种不同环境条件下,综合进行硬件和软件(驱动程序和根代码)的全面测试。
包括:

通常的环境测试,如振动、冲击,以便模拟发射环境;

热真空测试,用以模拟空间环境条件;

电磁兼容测试,以便确保飞行器内各设备间互不干扰。

此外,还必须针对飞行器环境特征开展相应测试,如淋雨试验,如图 7 - 22 所示。试
验中,将该计算机置于淋雨试验台,以此验证其适应飞行器在大洋中溅落的性能。因为
IXV 在大洋中溅落后,器载计算机需要立即发出控制指令释放漂浮设备以确保 IXV 不沉
入海中,因此,该试验是一种针对特定使用环境而开展的环境验证试验。

图 7 - 22　器载计算机(OBC)淋雨试验

经 IXV 飞行试验检验证明,IXV 器载计算机在发射上升和整个飞行试验阶段均运行良好,显示了完美的性能。在完成整个飞行试验任务过程中,包括发射上升段、器箭分离段、再入返回段、开伞和自主着陆段,没有出现重启现象。在飞行器溅落大海后,器载计算机立即成功发出了控制指令,打开了漂浮设备,为 IXV 的回收提供了有力保障。所有计划(例如遥测传输、推进剂点火、襟翼控制等)均按标称飞行程序获得了正确执行。IXV 整个飞行试验几乎是按标称轨迹飞行,且非常接近于预先设计值。这些无不证明了 IXV 高可靠器载计算机设计的成功。

参考文献

[1] Malucchi G, Zaccagnino E, Drocco A, et al. The European Re-entry Program, from IXV to ISV-GNC/Avionics Development Status and Challenges. AIAA 2013 – 4774.

[2] Cosson E, Giusto S, Del Vecchio A, et al. Overview of the In-flight Experimentations and Measurements on the IXV Experimental Vehicle. 2nd ARA Days-Arcachon, 2008, October 21 – 23.

[3] Pereira C, Walz S, Rufolo G, et al. In Flight Experimentation For The IXV re_entry vehicle: objectives, experiment design and implementation, IAC – 12 – D2. 6. 3, 2012.

[4] Preud'homme F, Dussy S, Fleurinck N, et al. A high reliability computer for autonomous missions, demonstrated on the ESA IXV flight. 66th International Astronautical Congress, Jerusalem Israel. IAC – 15 – D2. 6. 5, 2015.

[5] Malucchi G, Angelini R, Dussy S. The IXV avionics & software architecture for the on-board management of the autonomous re-entry vehicle. Proc. 'DASIA 2016', DAta Systems In Aerospace Tallinn, Estonia, 10 – 12 May 2016 (ESA SP – 736, August 2016).

[6] Succa M, Boscolo I, Drocco A, et al. IXV avionics architecture: Design, qualification and mission results. Acta Astronautica, 124: 67 – 78, 2016.

第8章 IXV热控系统方案

8.1 概　　述

飞行器热控系统的目的是保证飞行器从发射到着陆的整个任务期间设备及内部结构的温度均满足设计技术指标要求。对于再入返回式飞行器,对于低热耗(如数十瓦量级)飞行器,一般通过在飞行器舱内壁面包覆多层隔热组件,在再入返回过程中,利用内壁面多层隔热组件抑制气动热对飞行器舱内设备的影响,通过设计一个合理的再入前初始温度以及飞行器热容确保返回过程中所有设备温度水平均能满足技术指标要求。而对于热耗较大(数百瓦甚至上千瓦)的飞行器,在轨期间通过泵驱单相流体回路将热量收集后带至辐射器进行排散,内壁面包覆泡沫隔热材料来降低再入返回过程中气动热带来的影响,保证再入返回时舱内设备温度水平满足技术指标要求。

IXV是一个技术平台,是一种大气再入式验证飞行器,采用被动热控设计,但在具体设计过程中,该飞行器热控系统面向轨道再入飞行器的特殊飞行工况进行了专门设计,其中采用了许多创新性的思想。

IXV热控系统设计的基本思路如下:

(1)热控系统与飞行器其他分系统耦合关系紧密,涉及与所有分系统的接口协调关系,在整个项目的研制周期内热控系统设计需要顶层考虑。

由于热控系统与飞行器其他分系统存在强耦合关系,在飞行器的研制过程中,总体及各分系统的任何变动都会影响到热控系统的方案。为了保证飞行器各系统设计方案的闭环,热控分系统需要不断地与所有分系统进行接口关系的协调,通过对IXV热控系统基线方案的改进设计分析,再次提醒我们在同类飞行器的研制过程中,需要始终将热控系统的顶层设计思想贯穿于项目研制的全周期,为热控系统设计提供了宝贵的经验。

(2)在满足任务需求的情况下,尽量采取被动热控技术,适当牺牲部分重量以保证项目具有足够的冗余度。

IXV热控系统遵循以被动为主、主动为辅的设计原则,其采用的所有热控方案都为经过飞行验证的成熟热控措施,比如选用普通导热硅脂作为热填充物,选择隔热垫或者玻璃纤维用来防止机身与一些内部结构及组件的热耦合;选用隔热材料防止RCS组件受热环境影响,并且对压力和温度传感器进行隔热防护,实现数据的正常采集。大量被动热控措施的采用以最稳妥的方案保证了飞行器各系统的正常工作。

8.2　热控总体设计方案

IXV热控系统负责将飞行器内部设备和有效载荷装置的温度维持在它们的工作温度

范围内,IXV热控系统以被动热控方式为主,采用了如填充导热脂、涂抹热控涂层、安装隔热垫等常用被动热控技术。受飞行器再入攻角及俯仰力矩的条件限制,飞行器的质心位于飞行器前端,电子设备密集布置在飞行器前端水平安装的电气设备托板上,导致该托板区域发热量与热流密度急剧增高,所以对该区域重要的大功耗设备必须采用专门的热控措施进行冷却。在早期设计阶段,热控设计人员将相变蓄热装置预先安装于电气设备托板之上,利用相变蓄热材料融化潜热吸收部分热量,用以保证重要设备工作在正常温度区间。该热控方案极大地降低了设计复杂程度也节约了质量,从而将减重和简化设计所带来的不利影响降至最低。

2009年后,由于TAS-I进行了行业合伙关系重组,IXV的任务方案、飞行轨迹以及飞行器电气设备结构、热防护系统都发生了变化和更新,飞行器结构、设备热耗、工作时序、任务剖面等均发生了变化,从而导致热控系统也需要做出相应调整。为了压缩研制周期、适应新型任务、降低研制成本、保证项目足够的安全冗余度,TAS-I公司对IXV热控基准方案进行了重新改进设计。值得注意的是,这种改进的重点不在于与原来的基线进行对比或评判以前的行业机构、技术、方法和能力,而在于根据新的环境限制及选材,对热控系统功能重新进行评估。

8.2.1 飞行器相关改进设计及其对热控系统设计的影响

由于飞行器侧面及上表面采用了新概念烧蚀材料,热控系统需判断温度预测是否符合结构限制水平,并支持新的电气结构热设计要求。IXV轨道飞行轨迹较长且温度较低,因此需依照欧空局对再入段外部热通量的再评估要求,重新评估飞行轨道。热控系统对设计和分析均有影响。虽然已经挑选出为关键项目提供低成本冷却设备的新电容器,但尽可能地移除原构型电气设备舱内的相变材料热电容器成为设计改进的重点。

详细的再构型分析通过模拟IXV内部及整流罩下的自然/非自然对流作用,对起飞前发射场环境和电气设备时序的一致性进行了分析;通过选择最适合的在轨机动,支持天线传输能力;预防RCS与襟翼机构元件和机体结构过热;确定迎风面、侧面、背风面及端头帽热防护部分的尺寸。

热控分系统包括维持飞行器内部部件和结构温度的被动式设计,无论飞行器处于何种任务段或运行模式,温度应维持在设计允许范围内。为了接近关键设计评审级别的热控设计成熟度并维持任务限制、热载荷、操作模式、质量影响和系统/分系统改进的热要求,热控对其所采用的几何数学模型和热数学模型进行了相应更新。

由于设计人员对IXV进行了大量的优化设计,导致飞行器各分系统都相应发生了改变。其中,背风面、侧面和尾端面的柔性热防护材料被新型硅基材料代替;电气设备的工作温度范围指标也发生了变化;设计了一种温度较低、时间较长的再入弹道,导致再入阶段外部热流也发生了变化。基于上述设计方案的变化,热控分系统需要对设计和分析重新进行效果评估。

为了完善热控系统设计方案以及维持设备工作所需温度需求,在满足任务约束、热载、运行模式、重量影响、总体及分系统变化等因素下,对IXV数模和热模型进行重新调整。飞行器主要的变化(系统级)包括结构、电气、热防护和降落回收系统。这些结构变化总结如下:

1. 飞行器冷结构变化

机身冷结构采用40mm厚的新结构代替前期基于纵梁和框架的结构设计方案,该新结构包括6块夹层板。该结构外表面为碳纤维增强面板,里面为蜂窝芯。

采用碳纤维增强面板/蜂窝芯垂直安装的托板代替之前的铝制托板方案(图8-1),而前仪器安装板和后仪器安装板依然为铝制托板。

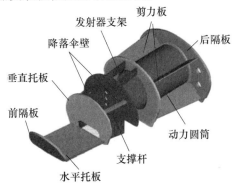

图8-1 IXV结构布局图

对动力舱结构,重新设计了推力室、剪板和推力室前表面的舱壁以容纳RCS部件(主要是阀门和肼管);采用新型圆筒结构布局,在圆筒周侧,安装剪力板和中间挡板,并且安装了服务RCS系统的组件(主阀和燃料管路)和球形推进剂储箱。

飞行器冷结构的这些变化,将会导致热容、材料物性参数等变化,影响热控系统的设计和分析。

2. 机身热结构变化

采用新型一体化端头设计方案,该端头包括C/SiC端头帽、陶瓷基绝缘层、端头底座及附加装置。该端头通过固定点安装在前隔板上,因为需要在端头后打孔专门用于传感器线路布置,所以使用隔热密封垫来阻止任何可能的高温空气进入到舱内。

背风面、侧面、尾端面所采用的柔性热防护材料被硅基材料代替,如图8-2所示。烧蚀材料的尺寸受到施加在冷结构的热要求的限制,再入返回阶段,硅基材料与冷结构粘接处的温度水平要求不能超过175℃。热控系统在设计时则需要在最高温度的基础上保留15℃的余量,冷结构温度边界指标如表8-1所示。

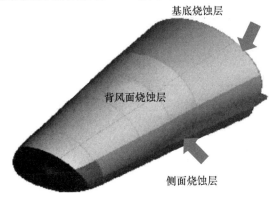

图8-2 不同热防护区域材料分布图

表 8 - 1   IXV 冷结构温度边界指标

冷结构	工作温度指标/℃	温度上限/℃
背风面	<160	175
侧面	<160	175
尾端面	<160	175
前隔板	<135	—

另一个重大的改变就是选择合适的飞行弹道以及评估气动热对热防护表面的热流
（再入阶段）影响。气动热环境的改善使得迎风面、端头等部位可以选择新型材料。
图 8 - 3 显示了再入阶段最大热载飞行剖面。

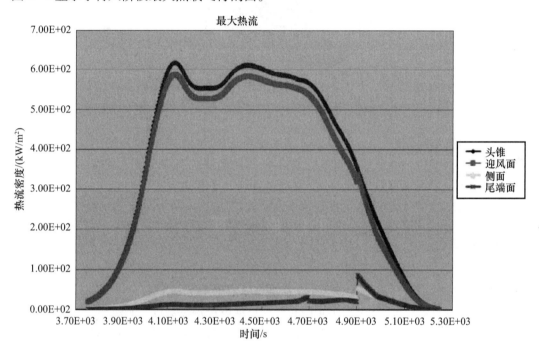

图 8 - 3   再入阶段热防护材料最大热载飞行剖面

3. 电气系统变化

电气系统也进行了新的布局设计,基于初步设计方案,所有的设备都选择 28V 直流
电输入,从而取消直流转换单元,该变化不仅节约了质量,也降低了设备热耗。表 8 - 2 所
示为初步方案与新方案设备功耗对比。

表 8 - 2   IXV 内部设备功耗

任务阶段	初步方案	改进方案
	功耗预测值/W	功耗预测值/W
预发射/起飞	349(起飞为379)	139
上升	402	140
在轨段	889	174
再入段	1035	575
降落及着陆	704	575

4. RCS 变化

新的 RCS 结构布局如图 8-4 所示,在动力圆筒中设置有一个肼燃料储箱,供应阀位于圆筒前侧的中间隔离板上,配备专门的软管,该软管从推进剂储箱伸出,一直连接到后隔离板上的四个发动机喷嘴。这些组件的最高工作温度不许超过 50℃,肼燃料的储存温度更为严格,要求在全任务周期内都不能超过 40℃。

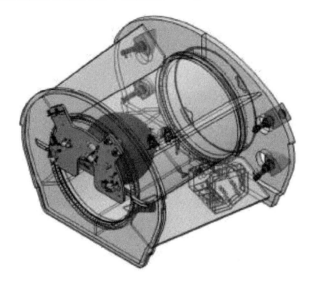

图 8-4 RCS 系统结构布局

5. 降落与回收系统变化

降落与回收系统如图 8-5 所示。新方案在机体侧部安装 4 个小储箱用来携带悬浮气球,并且安装专门用于充气的气瓶,溅落后,此箱将使用专用弯曲软管为气球充气。下降系统包括一个用于发射降落伞的射伞器和 3 个用于着陆的降落伞(超声速、亚声速和主降落伞)。所有这些设备都存储在专门的箱筒中,箱筒位于垂直托板和中间隔离板区域。此外,箱筒的侧面及前舱壁上都装配了火工切线刀,用于降落伞打开阶段切断其系带。降落和回收系统的温度要求可见表 8-3。

表 8-3 降落与回收系统工作温度指标

降落回收系统(DRS)	设备	工作温度/℃
回收子系统背风面	漂浮系统(气球 + 软管 +4 储箱)	-40/ +70
降落子系统	降落伞	最大 93
	挂钩切断器作动器	+10/ +70
	发射筒气体发生器	<45
	伞带及伞绳	<150

8.2.2 IXV 热控系统新型架构

针对 IXV 总体设计方案的变化,需要重新评估系统级、子系统级、设备级的改变对热

163

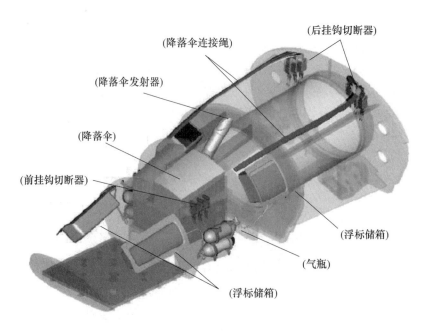

図中标注：
（降落伞连接绳）
（后挂钩切断器）
（降落伞发射器）
（降落伞）
（前挂钩切断器）
（浮标储箱）
（气瓶）
（浮标储箱）

图 8 - 5   降落与回收系统结构布局

控系统的影响,相应地热控系统设计思路也做出了调整,虽然新型相变蓄热装置已经被成功用于给极端设备提供低成本冷却,但是在方案可行的情况下,可尽量降低相变蓄热材料的使用;在发射之前,在整流罩内模拟自然和强迫对流来控制飞行器内部热环境;为了保障飞行器天线数据传输功能,通过对飞行器姿态调整以防止 RCS、襟翼机构元件、机身机构的受晒过热。具体的热控措施及性能分析情况如下。

1. 对电气系统进行重新布局

根据方案的变化,一个新的电气系统构架需要保证所有的组件能够满足热、布局、维护、安装、功能约束的要求。新的电气设备布局如图 8 - 6 所示。通过对设备的合理布局,避免了设备热耗集中的现象,有效改善了飞行器舱内热环境。

2. 去除相变蓄热装置

虽然在方案论证阶段,TAS-I 公司与英国 PCM Products ltd 合作开发了适合空间应用的相变蓄热设计方案,然而相变蓄热装置最终还是从热控架构里被移除。因为 IXV 的研发进度非常紧,并且给予新型设备的设计和测试时间非常短,在方案设计的最后阶段,最终采用了没有相变蓄热材料的热控架构方案。IXV 飞行器的器载设备可以分为两类,一类是从地面发射准备阶段到最后回收阶段都需工作的设备,另一类是只在再入阶段工作的设备。绝大多数设备属于第一类。石蜡质量只占到相变蓄热装置全部质量的 19% ,所以尝试用铝板代替相变蓄热装置。通过增加铝板数量提高结构热容的方法来抵抗高热载设备的温度上升,尽管这种设计导致了重量增加,但是在考虑 IXV 计划不允许研发和验证新型设备的情况下,增加铝板的方法则显示出了优势。图 8 - 7、图 8 - 8 所示分别为采用两种热控措施后器载计算机和配电器的温度剖面。

图 8 - 7 预测了安装相变蓄热装置后两个装置的温度曲线,图 8 - 8 预测了安装铝板后两个装置的温度曲线。通过对比,可以发现安装铝板的设备运行温度并没有超出温度允许值,两种方案对比可以从以下两方面考虑：

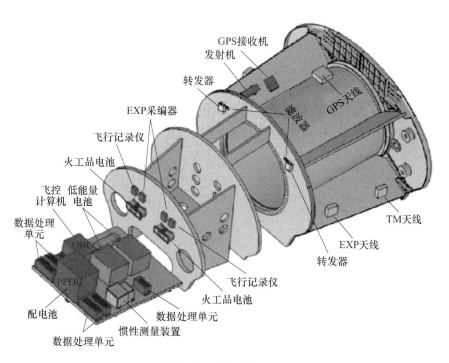

图 8-6　电气设备布局

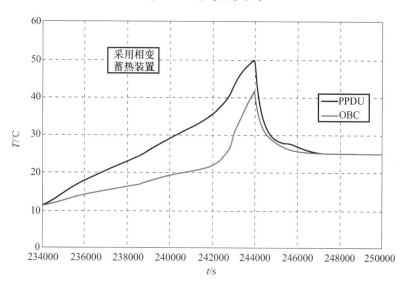

图 8-7　有相变蓄热设备温度曲线

　　质量影响:相变蓄热装置质量为 19kg,4 块铝板总质量为 23kg;

　　成本影响:相变蓄热需要详细设计和制造,并且为了取得空间应用的资格需要花费不可忽略的成本。

　　综上所述,去除相变蓄热装置可以简化构型,且该简化构型不需要研制新硬件,可节约新产品设计开发与考核验证成本,满足任务计划进度要求,方案可行。

　　3. RCS 采用新型热控措施

　　除了对电气设备进行热控外,位于动力舱段内的 RCS 也需要采用热控措施,为了防

165

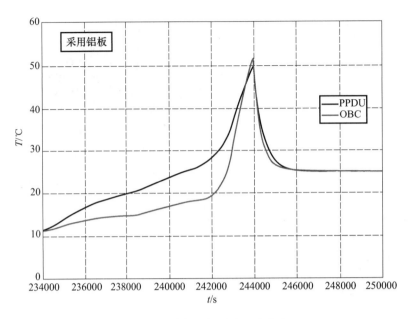

图 8 - 8　选择铝板时的温度曲线

止壁面与舱内热环境的热耦合,RCS组件计划采用部分/全部隔热方法来实现控温要求,具体热控措施如下:

① 用 10mm 厚的 BP101 泡沫材料包裹 RCS 储箱;

② 用橡胶绝热管套对流体管路和阀门进行隔热。

表 8 - 4 显示球形储箱内肼温度,其与 IXV 任务周围结构辐射温度、空气温度和减压/复压前/后的热传递系数 H 呈函数关系。

表 8 - 4　球形储箱内肼温度(10mm 厚的 BP101 泡沫材料)

阶段	时间/s	温度/℃		辐射温度/℃	空气温度/℃	H(热传递系数)/(W/m²/℃)	M(推进剂)/kg
		肼箱	箱外表面隔离层				
起飞	—	11	11	11	11	5	35
上升	755	11.27	26.9	45	30	5	35
在轨	3000	12.16	32.6	40	—	—	15
再入	1484	28	101.2	153	77	5	5
着陆	1119	27.2	98.3	100	90	5	3

4. 降落回收系统热控措施

降落与回收系统中的储存罐温度剖面如图 8 - 9 所示,该装置直接影响三组降落伞的成功打开。降落伞及喷气阀门与储存罐温度保持一致,不同时刻对应不同的工作温度,整个飞行过程没有超温现象。

发射器气体发生器是降落回收系统中的关键设备。在 27.5km 高度完成初期再入后

166

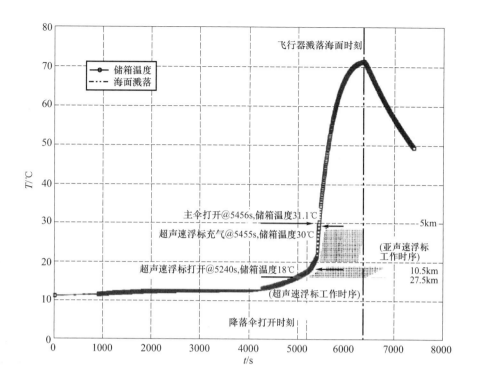

图 8 - 9 降落回收系统储存罐工作温度剖面

进入降落回收阶段,这时喷射导引伞所要求的温度不能超过 45℃。该发射装置还包括气体发生器,其运行温度如图 8 - 10 所示。可以发现温度为 70℃(55℃ + 15℃),已经超出其运行温度上限 45℃。针对超温现象,通过加厚储存罐与发射器上方的隔热材料以降低热传导,或者通过保温套以隔绝气体发生器与舱内环境的换热。

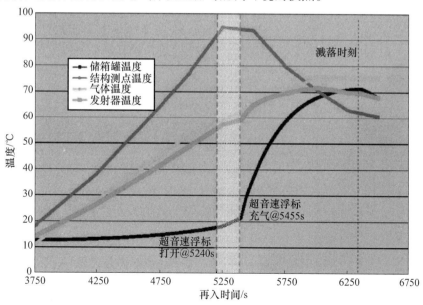

图 8 - 10 降落伞发射装置工作温度剖面

综上所示,由于 IXV 系统及任务的改变,导致热环境的变化,通过增加铝板数量提高结构热容的方法来抵抗高热载设备的温度上升,由于移除了相变蓄热装置,所以该被动热控结构比较简单,其特点如下:

(1)在全任务周期内尽量降低电气设备热耗;

(2)发射之前减少功能检测和初始化操作程序;

(3)地面发射准备期间,对 IXV 内部自然对流进行模拟;

(4)保证整流罩内空气流通温度为 11℃;

(5)在系统匹配阶段,通过敏感性分析判断,再次对组件级的热预测不确定性进行调整。

8.2.3　IXV 热控系统新架构性能

为了改进热控制设计并验证设计的合理性及正确性,通过 IXV 几何数学模型/热数学模型对 IXV 方案进行模拟。

1. 发射前地面功能试验模拟

发射前地面功能试验模拟,包括系统时限功能检测和启动/终止事件时间序列。考虑到自然对流的作用对被动热控制有益(见图 8-11),特别是发射前,部分部件还需工作若干小时,研究人员开展了敏感性研究。通用配电设备起飞前向 IXV 内部释放 70W 恒定热载荷。稳定和非稳定表面突变,流场内产生自然对流。如果发生对流,瑞利数(Ra)表达式如下:

$$Ra = Gr \cdot Pr$$

$$Pr = \frac{cp_{air} \cdot \mu}{k_{air}}, Gr = \frac{\beta \cdot \Delta T \cdot g \cdot L^3}{v^2}$$

其中,Gr 为格拉斯霍夫数;Pr 为普朗特数;g 为当地重力加速度(m/s^2);L 为长度(m);β 为体积热扩散系数(1/K);ΔT 为由流体[K]分割出的两平面的温差;v 表示运动流体黏度(m^2/s);CP_{air} 表示定压比热容(J/(kg·K));μ 表示动力流体黏性(N/(m^2/s));k_{air} 表示大气传导性(W/(m·K))。

由图 8-11 可见,在无自然对流条件下,BDP 地面温度预计升高 37℃。如果模拟自然对流,预计最多升高 22℃。

2. 权衡分析

从 Barbecue 机动(用于均匀不同热防护材料的外部温度)、迎风面(降低烧蚀材料温度和厚度)、背风面和局部垂直局部水平(LVLH)飞行姿态中选择轨道飞行方案。为保证 GPS 可用并最大化遥测数据传输可见性,整个轨道飞行过程选择 LVLH 飞行方案。

轨道权衡分析,选择最冷和最热条件,解释极限姿态($\beta = 0° \sim 90°$)并评估太阳辐射、反射率和红外(行星)的极限通量。此权衡研究结论表明,在 120km 高度处,暴露的热防护结构表面(迎风面、背风面和底部)将承受最大的轨道热流。经评估,迎风面、背风面区域 $\beta = 90°$ 时承受最大热流,底部区域 $\beta = 0°$ 时承受最大热流,如表 8-5 所示。此分析预测了热防护烧蚀原材料最高温,并被用作热防护厚度计算的输入数据。

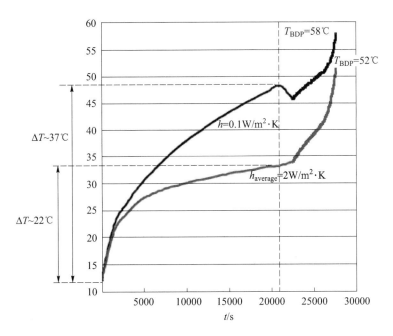

图 8 – 11　自然对流作用

表 8 – 5　热防护表面轨道通量

海拔	β 角	总通量(太阳辐射 + 反射率 + 行星)/(W/m²)		
km	°	迎风面	背风面	底部
120	0	268.2	127.3	182.1
	45	274.2	156.9	156.1
	90	381.9	229.8	79.8
300	0	259.5	117.1	172.6
	45	274.3	152.6	148.2
	90	372.5	218.6	66.6
400	0	256.5	113.3	170.1
	45	275.5	151.2	145.0
	90	369.0	218.6	61.2

3. 模拟再入飞行轨迹

模拟再入飞行轨迹,计算热防护外部区域不同控制点承受的最大热载荷。计算结果如表 8 – 5 所示。

对于 IXV 地面处理和飞行方案,上述任务事件按照飞行时序进行分析,如表 8 – 6 所示。基于此,所有组成部分的启动/终止事件已经完成筛选及设定,用以支持飞行。

表 8 - 6 IXV 任务时序

寿命周期	任务阶段	相对时间	绝对时间/s
发射前模式开启	功能试验	H0 - 8h(最大)	—
发射	发射	H0	0
控制滑翔再入	弹道	I0	754.7
	再入	I1	3756.7
	再入	I1 + 186.3s	3943.0
	释放前	I2	5215.4
下降飞行	下降	I2 + 24.9s	5240.3
海面着陆	溅落	I3max	6359.2(最大)
飞行器回收	定位 & 回收	太平洋	I4 + 72h

4. 内部热环境

IXV 内部的电气设备部件热耗相较之前的硬件有所降低,巩固关键点(CKP)最大热耗比起飞前系统初步设计评审预估值大为降低。每个阶段热消耗预计都将有所降低,总结如下:

- 上升段 CKP 最大消耗为系统初步设计评审预算值的 34%;
- 轨道弧飞行段 CKP 最大消耗为系统初步设计评审预算值的 20%;
- 再入段 CKP 最大消耗为系统初步设计评审预算值的 56%;
- 下降、着陆段 CKP 最大消耗为系统初步设计评审预算值的 82%。

如果新电气设备结构的热预算值远低于系统 PDR 评审提出的数值,则背风面/侧面热防护改进后(SV2-A 烧蚀材料),飞行器内部温度急剧上升,特别是再入段。此结论主要取决于烧蚀材料厚度是否符合质量降低标准。重新构建基线对热结构的主要影响如下:

(1) 热防护烧蚀材料下面的气动外壳的最大温度有所升高(烧蚀材料下方温度接近150℃,而热防护柔性材料下方最大温度为73℃),如图 8 - 12 所示。

(2) 可以预测热防护材料下面的冷结构的温度峰值(约 18min,如图 8 - 12 所示)。按照系统 PDR 结论,CKP 结果预测应发生在再入段尾期而非溅落段之前。

(3) C/Si 材料下面的冷结构的最大温度有所升高。表 8 - 7 将系统 PDR 预测的最高温与 CKP 使用热数学模型计算的最高温进行了对比。前缘温度升高的主要原因在于新的热流以及支座连接件的建模改进。

表 8 - 7 冷结构最高温度

C/S(冷结构)最高温度/℃	S/S(子系统)PDR	CKP
平板(迎风面)	99.39	104.73
弯曲板(前缘)	102.12	150.1

(4) 空气温度小幅上升。如果在系统 PDR 中飞行器内部空气在飞行器溅落时达到最高温(约55℃),则现在预测溅落时飞行器内部空气温度达到74℃,如图 8 - 13 所示。空气温度升高的原因在于 SV2-A 烧蚀材料和 C/SiC 板材料下面的冷结构温度上升。

在改进阶段,根据系统/分系统设备的变化,IXV 的热设计得到了适当的改进。从热

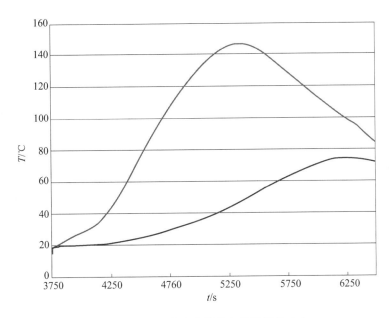

图 8 - 12　CS TPS 烧蚀材料与柔性材料对比

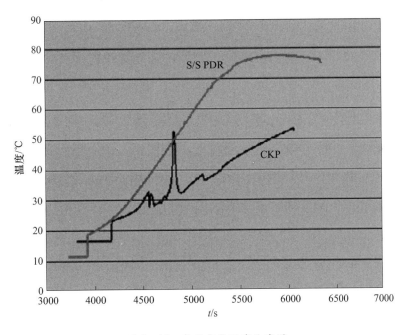

图 8 - 13　复压空气温度曲线图

控观点来看,最主要的设计改进可从 CAD 新构型中看出,而因为新的飞行轨迹及相关任务时序而完成的改进,则可从新的热载荷/热流中体现出来。主要的系统构型变化如下:

● 新的电气系统设计影响热载荷分布、任务阶段损耗和布局与位置;

● 用于冷结构的新"硬壳式构造"设计,代替框架和纵梁;

● 背风面/侧面和底部区域的新烧蚀材料代替热防护柔性材料,支持基于冷结构的再入气动热流最大温度的要求(不超过 +160℃)。

以上所有因素共同对 IXV 热环境进行再定义,并在减少铝板质量的基础上,设计出

简化的被动热结构,此结构允许设备温度在设计要求范围内有限上浮,并取代了电容器。主要成果如下:

（1）减少整个任务期间(从地面到溅落)的电气设备热载荷消耗;

（2）减少起飞前用于支撑功能检测和初始化序列的设备热载荷;

（3）模拟发射前 IXV 内部自然对流;

（4）确定整流罩下空气温度(11℃);

（5）对不确定性进行再调整,用于部件层面热预测,如敏感性分析。

最终的热控系统使用成熟设计和部件作为热填充物、铝板、热垫圈(为飞行器机体与内部结构等部件之间提供热导电去耦)、隔离材料(保护 RCS 组件)及压力/温度传感器以获取数据。表8-8给出 IXV 部件温度及预测结果。

表8-8 IXV 部件温度要求及预测

系统	设备	非运行温度/℃	运行温度/℃	资格等级/℃	预测温度/℃
DHS	器载计算机	-20/+70	-0/60	-5/+65	60.1
	数据采集装置	-55/+105	-40/85	-40/+85	70~85
	交换机	-55/+105	-40/85	-40/+85	79.2
	飞行&实验记录器	-55/+105	-40/85	-40/+85	85
	GPS 接收机	-40/+70	-25/60	-25/+60	50.7
	惯组	-20/+70	-20/70	-20/+70	68.1
RTC	FLT 分离机(DIPLEXER)	UNKN	-20/70	-55/+100	68
	发射机(RF)	-35/+85	-20/70	-20/+70	67.1
	信标(ELTA)	-20/+55	-20/55	-20/+55	52.8
	GPS 天线	-35/+120	-20/100	+120	98
	遥测天线	-35/+120	-20/100	+120	80.2
电源	配电组	-15/+75	0/60	-10/+70	60.5
	电池	-10/+60	10/60	0/+70	60.4
	火工电池	-10/+60	10/60	0/+70	50.8
FPCS	襟翼电池	-20/+70	10/65	+70	64.8
	襟翼作动器&发动机	-20/+70	-10/65	+70	61.1
IMF 机器	红外相机	UNKN	-40/85	95	85
	防爆分离螺母	UNKN	-100/130	TBD	120
DRS	详情见第9章	-55/+85	-40/+70	TBD	
RCS	胼箱、设备&管路	+4/+70	+5/+50	+4/+60	<50

8.3 推进系统热控

8.3.1 方案概述

航天飞行器推进系统热控设计的好坏直接关系到整个飞行任务的成败。因此,在 IXV 设计中,对 RCS 的热控进行了详细设计与分析,确保系统工作安全可靠。

在 IXV 项目的框架内,TAS-I 负责在飞行模式任务事件期间通过对 RCS 的分析提供热控和设计验证。肼(N_2H_4)推进剂的使用对热控提出了较高的要求,因为 IXV 内部管路中流动的推进剂可能出现高温的现象,或压力储箱内出现低压事件,这对于安全和任务成功意味着存在较高的风险。对于与肼参数监测和控制相关的临界状态,以及 RCS 元件高温条件,选择了不同的分析工具并建立了模型,提供了系统、子系统和元件级 RCS 结构点到点的性能验证。

IXV 推进系统热控采用多种设计模型和工具通过协同设计来实现——利用几何数学模型/热数学模型进行模拟,RCS 的子模型利用 ESATAN T < S 10.4.1 代码集成在几何数学模型/热数学模型中,利用 SINDA-FLUINT 5.4 模拟加压气体(N_2)/推进剂(N_2H_4)热液压性能(装火药、小推力器点火和氮气吹除),最后,利用 NX 空间系统热模拟套件验证力热结构接口要求,并且保持 RCS 外部元件、结构和热防护系统之间设计的一致性。RCS热力模型流程图如图 8 - 14 所示。

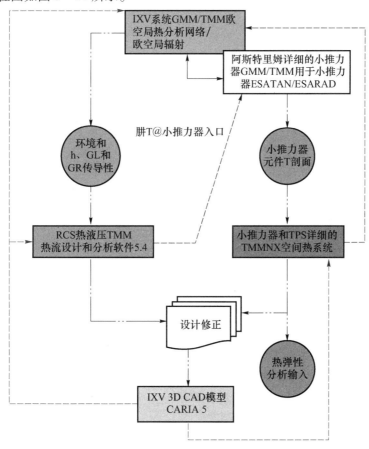

图 8 - 14   RCS 热力模型流程图

IXV 的 RCS 结构(所有的子系统都在图 8 - 15 中示出)通过几何数学模型(GMM)和热数学模型(TMM)结合在一起。在描述 IXV 任务期间验证肼(推进剂)和氮(加压气体)热控设计的分析和预测之前,值得注意的是,RCS 结构是由钛金属硬管路互连的高压钛储箱和阀门组成的。这些装置安装在 IXV 内部(IXV 布局情况如图 8 - 16 所示),并为 4

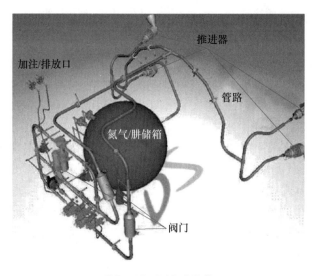

图 8 - 15 RCS 的结构

个独立的小推力器(如图 8 - 17 所示)提供推进剂。RCS 的部件需要有专用的热保护措施,在飞行中防止肼超温(肼的温度不超过 + 50℃),避免组件故障和/或与潜在灾难性事故相关的风险。这些后果是因肼在高温下的不稳定性引起的。从这个角度看,每种 RCS 组件都应选用专门的热防护系统。硬管和阀门用 1″厚的套管进行隔热,推进剂/增压储箱用多层垫毯(内部有开孔泡沫的低辐射镀铝聚酰亚胺箔片)完全包裹、部分凸出小推力器由防热系统(制成陶瓷纤维和 Saffil 纤维袋)覆盖以抵御再入热流。这种设计通过不同数学工具的分析进行验证,然后采用双重法提高分析预测的可靠性标准,并提供足够的设计稳健性。首先,研发不同的独立模型,在元件和/或子系统级模拟 RCS 部件的热和液压特性。根据设备的操作时间表、内部/外部环境和 IXV 的飞行模式,每个模型的构想都充分代表 RCS 部件的功能性瞬态模式性能。其次,通过完善边界条件(如组件级的温度剖面、环境和相关的热耦合作用、流体温度等),实施闭环法在独立的模型之间进行数据传输。

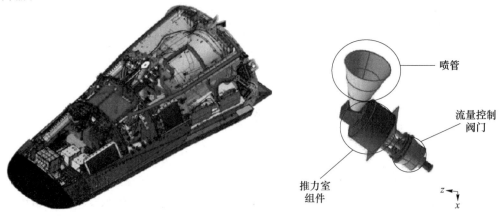

图 8 - 16　过渡性实验飞行器的布局和内部系统　　　图 8 - 17　几何数学模型小推力器组件

　　IXV RCS 整个热控分析和设计方法总结如下:基于三维 CAD CATIA 模型,在 IXV 元

174

件级建立的系统几何数学模型/热数学模型与基准结构架构保持一致,并得到部件制造商提供的详细热数学模型的支持(如电气设备、电池、天线、襟翼、小推力器等)。此外,烧蚀材料的边界温度(全部小推力器)都是通过 AblaTherM(TAS-I 内部热烧蚀软件工具)建模获得的。详细的小推力器的欧空局热力分析网络/欧空局辐射几何数学模型/热数学模型(ESATAN/ESARAD GMM/TMM)由阿斯特里姆(ASTRIUM)公司提供,并集成到系统的几何数学模型/热数学模型中。该模型充分代表了小推力器的组件(如流量控制阀、热障、燃烧室、安装法兰和喷管),可以模拟 GNC 开/关工作模式要求的点火序列、空转期间的回吸热效应和监测燃烧室抽吸环,从而排除气阻效应。然而,小推力器元件的热控不仅取决于肼爆燃,而且还取决于环境条件。主要的外部条件包括热盖,以阻止小推力器凸出元件(燃烧室和喷管)再入期间承受的热流和泵入小推力器进口元件(流量控制阀 – FCV)的肼温度。从这个角度出发,建立了两个独立的热模型。前者用于设计小推力器壳体的热防护系统,并预测围绕在小推力器周围的热环境,后者则验证了储箱到流量控制阀入口肼热 – 液压特性(包括运动和静止两种条件)。这样做是为了预测极具有限不确定性的 RCS 流体/零件温度,并在认为必要时,降低风险,为任务成功提供足够的稳定性。

8.3.2 系统几何数学模型/热数学模型的描述和结果

在过渡性实验飞行器系统热控系统的框架内进行了分析工作(从初步设计评审到关键设计评审的成熟度),证明再入期间暴露于等离子/气动热流中的小推力器的热特性。特别关注于底部凸出的小推力器组件的部件,其中小推力器通过防振装置固定用以降低结构载荷。这些部件包括:

- 喷管。
- 推力室组件。

ESATAN-TMS 进行 IXV 系统热分析,由两个模块组成:

- ESARAD 模块(几何数学模型,GMM):该软件负责空间系统在轨阶段完整的几何分析。航天器是通过收集表面材料的热光学特性建模的。这一模块计算来自外部热源(反射率和红外辐射的太阳和行星)的表面与表面吸收热流之间的辐射换热系数矩阵。计算技术是基于结合快速射线跟踪算法的蒙特卡洛方法。

- ESATAN 模块(热数学模型,TMM):是一个利用热网络分析技术预测工程部件和系统温度分布的软件包。它能使用户通过热详细说明问题,获得所需的稳态或瞬态温度的分布。

小推力器热分析已在阿斯特里姆 – 欧洲宇航防务集团(ASTRIUM-EADS)的支持下,通过提供的小推力器组件几何和热力数学模型进行了。几何数学模型分析了小推力器组件的几何形状和热 – 光学性能。它可以计算小推力器表面与航天器其余部分之间各自的视角因数和辐射耦合作用。热数学模型完成整个热网络,该网络由 49 个热节点组成,根据热传导性、密度和海恩斯比热(小推力器元件材料)分析小推力器的特性。海恩斯是一种具有高温强度和 980℃熔点的镍基合金。

在热数学模型中执行小推力器的作动序列,如图 8 – 18 所示。这是一种图 8 – 19 中反映出的最重要条件进行 GNC 蒙特卡洛分析的结果。为了保持一种传统的方法,在轨和再入阶段,按照点火序列规划的飞行器最大累计运行时间进行了热分析。根据 GNC 蒙特卡洛分析计算出的输出结果,最大累计的运行时间意味着总点火时间(每次点火时间的总和)是最大的。首次点火是在升空后 995s 时(轨道弧的开始),最后一次(吹除前)在火工品触发前 20s 时。

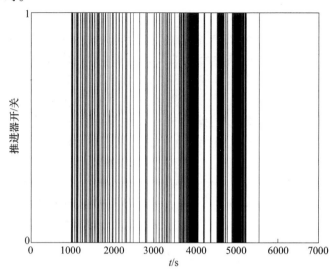

图 8 - 18   小推力器开关工作时序

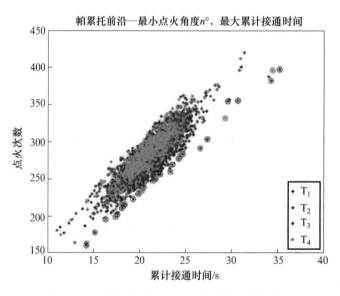

图 8 - 19   引导、导航和控制的蒙特卡洛分析结果

与在火工品触发后 300s 时开始点火并持续 3s(在此期间排空储箱和管路内的所有肼),对吹除进行建模。在系统热数学模型(图 8 - 20)中实施的点火序列包括所有的点火;最后一次点火需要排出 RCS 管路中的残留肼,并模拟怠速期间的回吸现象(连续点火之间)。回吸是小推力器的典型热特性。小推力器不点火时,储存在推力室中的热量不再通过羽流消散,而是向后移回到小推力器组件的温度较低的元件。热分析活动的第一步显示出需要提供覆盖喷管的热保护,满足材料熔点的温度要求。这是与施加到暴露于外部的小推力器表面(凸出元件是图 8 - 21 所示的喷管和燃烧室)的气动热流相

176

关联的。

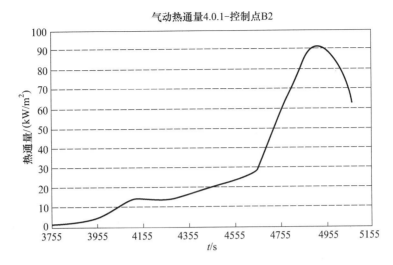

图 8 - 20　施加在小推力器外露表面上的热通量分布

分析预测表明小推力器的凸出元件超过 980℃的材料熔点,不需要专用的热保护(最高温度可达到大约 1200℃,如图 8 - 21 所示)。

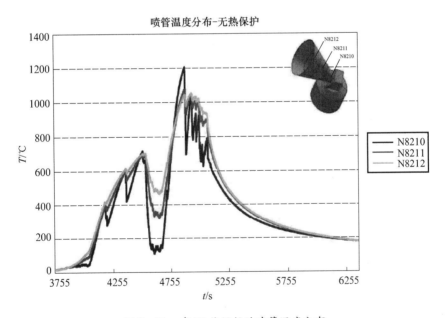

图 8 - 21　有/无热保护的喷管温度分布

为了不超过海恩斯熔点,小推力器壳体的设计能够通过气动热流保护外露的小推力器表面。这一组件由钛合金结构(厚度 2mm)制成,结构内外为 Saffil/Nextel 织物层。

- 外层(厚度为 17mm)保护暴露于气动热流中的钛结构。
- 内层(厚度为 10mm)保护暴露于小推力器辐射热流中的钛结构。

热防护的几何数学模型如图 8 - 22 所示,它给出了三维 CAD 模型的设计几何形状和内、外部 Saffil/Nextel 表面的热光特性。有热容量及与 Saffil/Nextel 热防护线性热耦合的

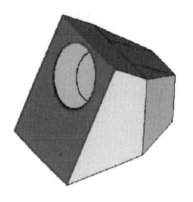

图 8 - 22　几何数学模型小推力器壳体

钛结构模型记录在热数学模型中。小推力器壳体的热网络是由 21 个节点构成的,其划分方式如下:

- 14 个节点为 Saffil 层建模。
- 7 个节点为钛结构建模。

为了考虑小推力器组件凸出部位过热问题,在热分析的最后步骤中,根据图 8 - 23 所示的分布和图 8 - 24 中显示的分布对气动热的热流进行了修正。

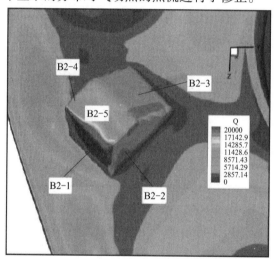

图 8 - 23　气动热流分布

要保持传统的方法,通过考虑喷管表面上的热流进行热分析,即在小推力器不点火时,通过小推力器壳体上的孔暴露于外部环境。图 8 - 25 示出了喷管上的热流分析结果。

喷管达到约 870℃ 的最高温度。图 8 - 26 和图 8 - 27 示出了推力室组件和喷管的预测温度分布情况。

8.3.3　RCS 热控几何数学模型/热数学模型

在详述小推力器组件热数学模型的框架内,应用了 NX 空间系统热软件套件。软件是由西门子公司开发的,用户可以执行以下操作:

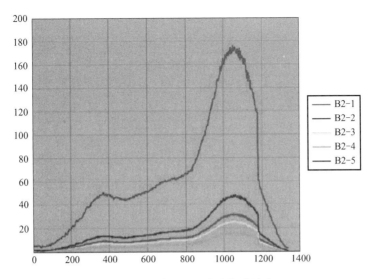

图 8 - 24　有过热效应的气动热流

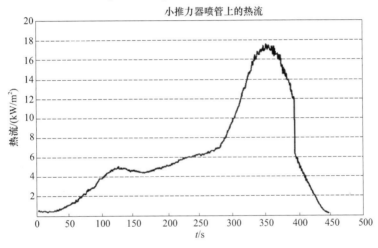

图 8 - 25　喷管上的气动热流

● 创建、导入和修改 CAD 模型:用户必须进行外部格式交换和通过导入几何形状修改,或新部件执行和突然开发多种设计方案时是有用的。

● 生成基于有限元的网格:能对 CAD 进行清理操作并生成元件、物理性质、材料特性和热光性能。

● 通过导入边界条件、热耦合作用生成模拟实例,并设置辐射计算和热运行情况:热解算器是 MAYA HTT TMG／ESC,不进行有限元分析。的确,有限元网格的划分只在用于离散化目的时才是有用的:每个元素都被转换为基于定心小格的热节点并在运行期间被视为 TLP。

这 3 种独立的环境是通过同步技术链接在一起的;因此,在下部层面进行的每次修改都反应在上部层面。小推力器组件的 CAD 已进行修改,从而提高网格划分程序(几何清理、中间表面处理、表面边界),如图 8 - 28 所示。它由下面的收集器组成:

(1) 小推力器喷管、燃烧器和连接支架;

179

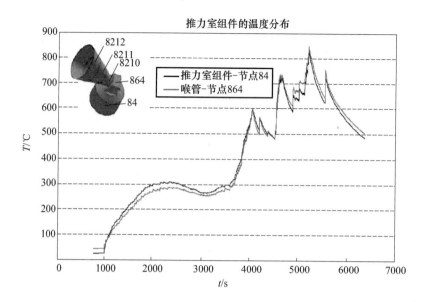

图 8-26 推力室组件的温度分布

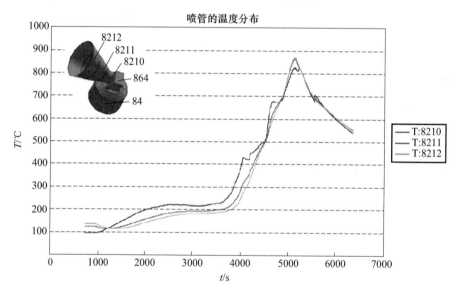

图 8-27 喷管的温度分布

（2）由钛封闭结构支撑着的内部和外部高温隔热罩；

（3）隔板、小推力器主要支架和连接法兰；

（4）烧蚀材料外部和烧结/初始接口表面。

最终组件的简化影响下列建模阶段：

（1）螺栓等连接已被去除，并用导电间隙或完美的触点所取代；

（2）通过在薄组件上应用中间表面处理，薄壳物理特性的定义是强制性的。

应用于模型的边界条件（图 8-29）如下：

（1）对于辐射和传导通过系统模型生成小推力器喷管和燃烧室的温度剖面；

（2）烧蚀材料的外表面温度往往用于辐射和传导到隔板上的烧结/初始接口的温度

剖面;

（3）关于外部保温外壳盖的详述热流分布;

（4）由于采用传统方法使得从小推力器支架到内部环境均处于绝热条件下。

涉及辐射计算的收集器是连接器烧蚀外表面/外部小推力器外壳隔热罩、小推力器/内壳/支撑结构和环境。辐射解算程序是半立方描述的,用来计算应用图形卡的图形处理装置元件之间的视角系数。由于热模型的目的是验证预测材料最高温度的热设计方案,关键问题是钛小推力器外壳(最高温度为 600℃)、小推力器支架和隔板(两者的最高温度为 160℃)。两个热辐射分析阶段已经完成,首先验证基准设计,然后优化或恢复出现的不一致性。

第一个设计回路强调的是:

（1）小推力器外壳结构不超过材料要求;

（2）隔板和支架都超过160℃的要求。因为峰值温度是由小推力器辐射效应(图8-30)引起的,隔板上安装了附加隔热罩(见图8-28)。参见图8-31 中的三维收集器,其中小推力器罩未示出。

图 8 - 28　小推力器组件 CAD

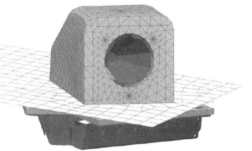

图 8 - 29　小推力器组件有限元模型

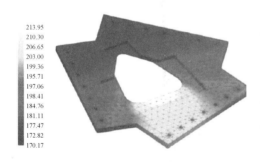

图 8 - 30　因小推力器辐射隔板上的
峰值温度超过 200℃

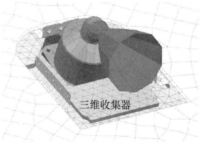

图 8 - 31　隔板上的附加隔热罩作为
最佳设计解决方案

图 8 - 32 给出了细分的 RCS 模型。设计解决方案已直接集成到 NX CAD 环境中,并快速集成到热辐射模型中。并对辐射的设置进行了修改,纳入了附加隔热层的效果等。

计算结果表明,优化设计方案可以确保符合所有结构要求(隔板、支架和小推力器外壳)。

由于已通过有限元进行了离散化管理,与小推力器外壳结构相关的温度映射已自动应用到外部结构/力 NASTRAN 模型上,支持热弹性运算(参见图8-33)。

最后,这种做法与快速热模型相结合进行更新,保证设计的更大专业化,并能够与其他专业轻松交换资料。这种分析在设计修正方面的输出被传输到系统的几何数学模型/热数学模型。

8.3.4 Sinda-Fluint RCS 模型

Sinda-Fluint 模型的目的是为流经专用流体环路内部的流体(胼)提供 RCS 性能的综合评价(热流体观点)。主要的目的是评估推进剂从入轨到溅落期间,通过整个管路设备达到潜在临界性的温度。该模型是利用热流体网络 Sinda-Fluint 语言建立的。进行分析用的求解程序是 Sinda-Fluint 5.4 Intel Fortran 语言(补丁 8 级)。

RCS 是作为连接到系统级热数学模型的独立网络建模。系统热数学模型的输出数据用作 RCS 热流体模型的边界环境。整个网络由 148 个流体节点和 443 个热节点构成。

尽管胼可以视为实际的不可压缩性液体,解决高压方案和回路死角中的收敛问题,也必须设置符合要求的液体。后者意味着液体是"可少许压缩的"。

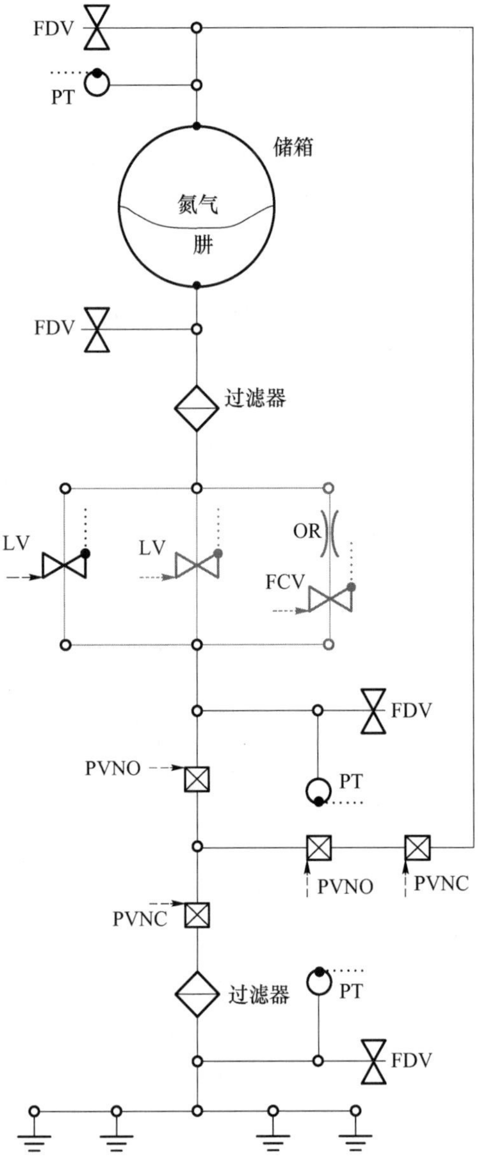

每个回路分支都是以适合建模的详细程度建模的。这意味着,管路被分成若干段,每一段都包含多个热节点和流体节点,并径向链接在一起形成一个网络,代表流体、管道元件一级缠绕在其上面的隔热套

图 8 – 32　RCS 模型的细分

管,如图 8 – 34 所示(每一段各由一个或多个径向子网组成)。一个段与一个或多个支座隔离垫相链接时,则被纵向分成多个子网。然后,子网通过纵向导体链接在一起。

考虑到设计参数,Sinda-Fluint 连接导体连接流体节点和热节点。定制连接设定为连接到储箱热节点的两个储箱内部容积,为此计算等效热导体。

对管路支座建模并将相关的管路段连接到典型 IXV 内部结构的边界节点。因管路粗糙度引起的压力下降,在提供了相关的粗糙度值后立即由 Sinda-Fluint 自动计算压降。因有阀门、过滤器、节流器和其他部件,压力将根据实验数据下降。弯头的压力下降系数由 IE. Idelchik 利用半经验相关性的计算所替代。

选择并执行专用的设计,表示从热观点上看最坏情况下的热条件(极端的环境温度、最小流率)。分析的目标是通过任务热阶段来评估 RCS 的热流体状态;这种分析与系统

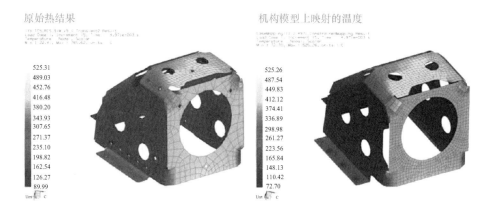

图 8 – 33　映射结果

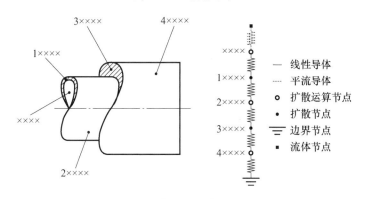

图 8 – 34　管路段热节点的细分

的功能特性一致,但不能视为功能验证。事实上,模型提供了推力装置级在最坏情况下的质量流率,因此不模拟小推力器的工作逻辑,从而避免因快速瞬态转换带来的数值问题。如果上升阶段为冷阶段,并且预见在流体级无加热,分析的起点将设置为轨道阶段的开始,而任务结束则由溅落表示。

　　大部分的温度(图 8 – 35 中所示的节点细分)远低于限值的温度水平(图 8 – 36)。与任务期间瞬态模式的肼温度相关的集中温度输入到阿斯特里姆热数学模型/系统热力数学模型,作为符合图 8 – 37 所示流程图小推力器分析的输入。由于在下降阶段给飞行器内部加热的热波和非工作状态的肼滞留,一些集中温度超过允许的最大非工作温度(70℃)或质量认证水平(60℃)。

　　此前利用其他工具进行的分析无法凸显这个临界状况,该临界状况并未视为是流体现象,从而确认了加入整体系统评估框架中的多专业法的重要性。利用依据这种参数化进行建模,可以通过作用于尽可能设计合适的项目配置将重点放在每个问题的解决方案上。对不工作的支路(如用于加注流体的分路)也进行了评估。在这种情况下,还通过用镀铝聚酰亚胺胶带缠绕隔热套管外表面确认设计解决方案,尽可能减少辐射耦合作用,减轻周围的热环境影响。与此相反,为钛储箱内储存的推进剂/增压气体提出的热设计,可以进行符合如图 8 – 38 所示 IXV RCS 的热控结构设计要求的预测。

　　本部分所述并在图中反应出的分析方法,在 IXV 参考任务期间,可以为 RCS 部件、管

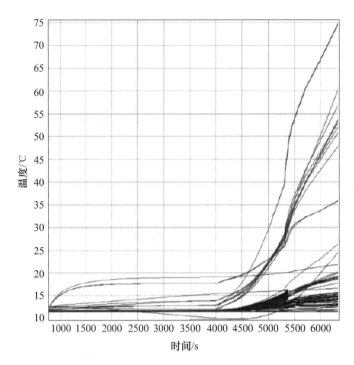

图 8-35 任务期间的温度趋势

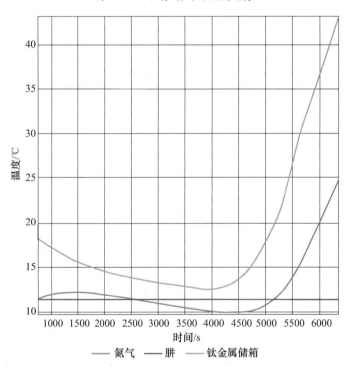

—— 氮气 —— 肼 —— 钛金属储箱

图 8-36 储箱和存储流体的温度趋势

路和流体(肼和氮气)设计热保护,并留有足够的设计余量,保持肼在适当的工作要求范围内,并排除任何组件故障(过热效应或潜在的温度峰值)。非常值得提及的是,为排除违反要求的情况付出了重大的努力,通过准确的设计解决方案、材料选择,不同的自验证

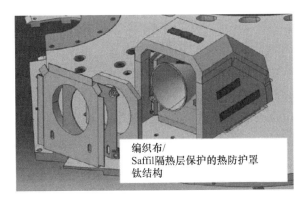

编织布/
Saffil隔热层保护的热防护罩
钛结构

图 8 - 37　IXV RCS 的热控制系统结构

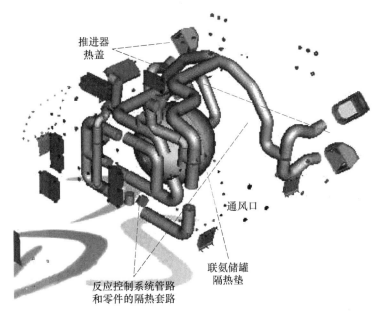

推进器
热盖

通风口

联氨储罐
隔热垫

反应控制系统管路
和零件的隔热套路

图 8 - 38　IXV RCS 的热控结构

分析,限制和确定围绕 RCS 部件的再入环境,对独立分析结果进行了讨论,其结果强调了潜在的临界性和不符合温度要求的情况,并已通过设计改进得到了恢复。已取得的成果可以作为多物理工具的输出,即使在协同方法中已使用并面临着使用不同的工具(和模型)。这对进行独立分析而不实现不同模型之间的相互作用是非常重要的,也是不切实际的或没用的。然而,没有选用备选方案,因为将不同的模型合并在唯一的一个模型中是不可能的。在 ESATAN 中提供了小推力器模型(与测试数据相关),流体回路的性能使用 Fluint 进行了最大程度的(尤其是发生流体停滞的情况时)模拟,小推力器外壳/热防护系统保护盖需要与结构性工具(NASTRAN)进行连接,正确地进行热弹性分析。小推力器盖的热设计(热防护系统保护)在图 8 - 39 中示出。隔板的温度分布如图 8 - 39 所示。这表明,实施的设计解决方案可以排除过热现象,满足机体设计的温度要求。假如必须使用不同的工具和相关的模型,采用的/期望验证 RCS 热设计的标准预计足够完善,只要适用于每一个模型的边界条件是利用图 8 - 14 流程图模型中的共用核心逻辑中的相应模型生成/预测的即可。

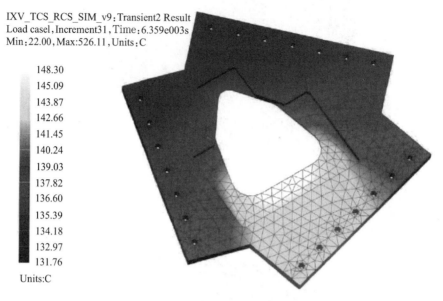

IXV_TCS_RCS_SIM_v9:Transient2 Result
Load casel,Increment31,Time:6.359e003s
Min:22.00,Max:526.11,Units:C

148.30
145.09
143.87
142.66
141.45
140.24
139.03
137.82
136.60
135.39
134.18
132.97
131.76
Units:C

图 8 - 39   因小推力器辐射,在160℃时降低了隔板上的最大峰值

参考文献

[1] Loddoni G, Signorelli M, Antonacci M, et al. IXV adaptation to vehicle reconfiguration. 40th International Conference on Environmental Systems, AIAA 2010 - 6088.

[2] Loddoni G, Bertone M, Andrioli L, et al. Thermal Control for IXV Propulsion System. 42nd International Conference on Environmental Systems, 15 - 19 July 2012, San Diego, California. AIAA 2012 - 3474.

[3] IXV TCSS Technical Requirements Specification TCS003, Doc # IXV - TASI - TSP - 0010.

[4] IXV Mission and System Requirements Document, ESA, LAU - SN/00069, Issue 2. 1,01/July/2009 Reports, Theses, and Individual Papers.

[5] ECSS - E - ST - 31C. Thermal control general requirements.

第9章 IXV下降与回收系统设计

9.1 概　　述

下降和回收系统(DRS)的作用是保证 IXV 以安全的方式从 DRS 启动减速到溅落海面,并且在回收操作完成之前确保 IXV 可靠的漂浮性能。IXV 下降及回收系统主要依靠于一个三级超声速降落伞装置,此外漂浮装置也可作为一个备用方案,确保 IXV 由于撞击导致结构破坏后仍可漂浮。IXV 下降及回收系统包括降落伞子系统和回收子系统,组成如下:

(1) 降落伞子系统:射伞器、火工装置、引导伞、超声速伞、亚声速伞和主降落伞;

(2) 回收子系统:气瓶、浮动气球、充气装置、火工装置、箱筒。

9.2 工　作　流　程

IXV 下降与回收系统共使用了4种伞型:引导伞、超声速伞、亚声速伞和主伞,如图9-1所示。依据选用的4种伞的技术特点,在使用下降与回收系统进行减速的过程共设计了3个阶段:

第一个阶段:在高度36km,马赫数1.4~1.6时,直径1.7m引导伞完全张满后2s,将4.3m的超声速降落伞拉出,该伞使得飞行器在跨声速内平稳飞行。

第二个阶段:IXV 速度逐渐降落至0.3马赫,高度10km时,释放出直径为7.4m的亚声速降落伞。

第三个阶段:飞行器高度5km,马赫数0.12时,第三个降落伞,即主伞释放出来。主伞直径为29.6m,最终使飞行器逐渐减速至6m/s溅落海面。

(a) 引导伞　　　　(b) 超声速降落伞　　　　(c) 亚声速降落伞　　　　(d) 主伞

图9-1 IXV 使用的伞类型

当惯性测量传感器测量到飞行器溅落海里时,四个气囊马上打开,每个气囊可充0.8m³的气体,每个气囊使用独立的气体供应单元(见图9-2),能够有效维持飞行器在海中的稳定性(见图9-3),漂浮系统能够使飞行器在海中漂浮48h,使得飞行器回收工作能够顺利开展。

图 9-2　IXV 气囊及充气装置

图 9-3　IXV 漂浮状态

9.3　系　统　设　计

由于 IXV 在超声速下可能存在的不稳定性,在研制初期,标称降落伞时序计划在高空以传统的两级降落伞分阶段执行动作:超声速制动伞,然后亚声速主降落伞。在超声速、跨声速和亚声速状态进行 CFD 计算和风洞试验,并将这些结果作为超声速和亚声速降落伞如何使用之间的技术权衡。虽然进行额外气动力特性分析会非常昂贵,但是采用亚声速降落伞可以降低下降子系统的质量分布、技术风险和研制成本,主要原因在于亚声速技术比超声速技术更可靠。

IXV 下降和回收系统通过射伞装置的燃气发生器发射引导伞并将主伞拉出,在飞行器落入海中时,气瓶给气囊充气,使得飞行器浮在海面上。

回收系统包括 4 个用于储存浮动气球的箱筒和装有气瓶的专用箱,溅落后,此箱将通过专用弯曲软管为气球充气。下降系统包括 1 个用于发射降落伞的射伞器和 3 个用于着陆的降落伞(超声速、亚声速和主降落伞)。所有这些设备都存储在专门的箱筒中,箱筒位于垂直板和中间舱壁之间。此外,箱筒的侧面及前舱壁上都装配了火工切线刀,用于降落伞打开阶段切断其系带。DRS 布局方案见图 9 - 4,系统各组件的温度要求见表 9 - 1。

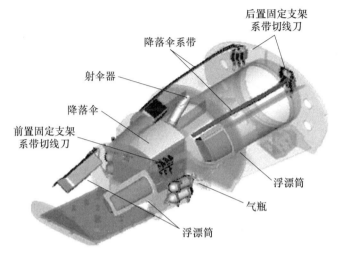

图 9 - 4　IXV DRS 布局方案

表 9 - 1　DRS 温度要求

系统名称	组件名称	温度要求/℃
回收系统	漂浮系统(气球 + 软管 + 4 专用箱)	−40 ~ 70
下降系统	降落伞	<93
	线切割器	10 ~ 70
	射伞器气体发生器	<45
	系带和伞绳	<150

图 9 - 5 给出了箱筒温度与试验/超声速、亚声速和主降落伞打开时序的函数关系。由于降落伞/火工阀的温度与箱筒温度相关联,再入段结束,降落伞打开时 DRS 预计不会出现温度超高的问题。DRS 的另一个重要设备为射伞器气体发生器(见图 9 - 4),再入段结束降落伞打开时其运行温度不可高于 45℃。射伞器、空气(IXV 内部)、箱筒和冷结构在再入/下降 & 着陆段的温度曲线如图 9 - 6 所示。由图可知,气体发生器工作时(约 55℃ + 15℃ = 70℃)射伞器的预测温度超过了要求的温度(45℃,最大运行温度)。为解决该问题,通过局部增加箱筒/射伞器上烧蚀材料的厚度或使用专用隔热件将气体发生器和舱环境相互隔离。

IXV 飞行试验中漂浮设备为 4 个气囊(见图 9 - 7),为下降和回收系统设置了 5 个大开口(见图 9 - 8),其中气囊的开口为 4 个,沿飞行器对称面对称分布,降落伞的开口在背风面。

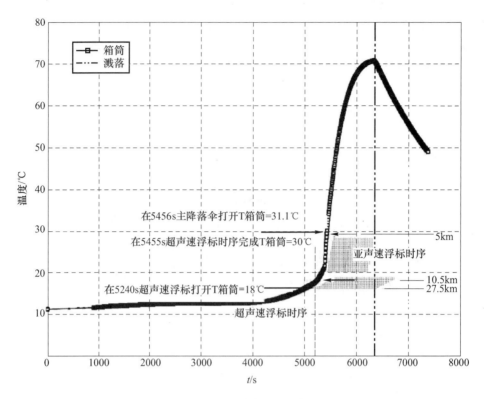

图 9-5 IXV 箱筒温度曲线图

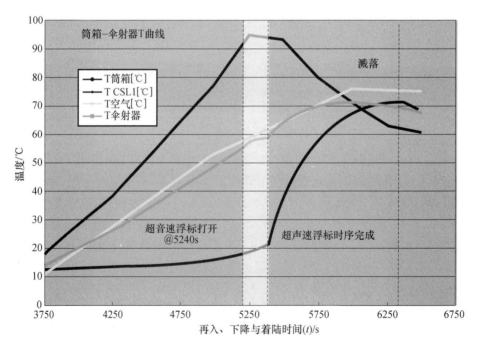

图 9-6 IXV 射伞器、空气(IXV 内部)、箱筒和冷结构温度曲线

漂浮设备

图 9-7 IXV 漂浮设备

开口

图 9-8 IXV 下降与回收系统开口

9.4 启 动 策 略

DRS 启动策略的目的是在满足 DRS 启动条件的情况下控制超声速制动伞的弹射与打开。DRS 的启动标志着下降阶段的开始,后续操作模式也逐步开启,直至 IXV 安全降落至海面。

通过 IXV 任务分析确定 DRS 各组件能够正常启动的动态条件(覆盖标称工况和偏差工况),并设计启动策略。对于 IXV 任务,启动降落伞的主要参数为:

(1)动压范围在 2600 ~ 4000Pa;

(2)马赫数在 1.4 ~ 1.6 之间;

(3)高度在 24.5 ~ 28km。

DRS 启动策略包括 3 条并行的独立判据,判据设置有对应的保险接触和 DRS 启动的条件。

（1）主判据:用于标称任务条件下的 DRS 启动。它需要满足 99.5% 的概率目标(置信度水平 90%)。

（2）极限判据:对不可预测和不可观察到的性能降低情况提供广义鲁棒性备份判据。

（3）最后机会判据:基于一种定时器判据,防止上述两种判据同时失效的情况出现。

DRS 的算法设计要考虑主判据和极限判据启动条件的对应接触保险机制和测量方式,以防止再入过程中发生误判。此外,三个判据之间互不干扰。

主判据采用了几种关于制导和导航监控模式和达到再入点(EIP)位置的计时条件。当马赫数和动压条件同时满足时,主判据就会启动 DRS。同时,马赫数和动压条件不能达到较低参数之前,主判据还定义一个低极限值,使得 DRS 系统正常工作。

极限判据基于单一的惯性导航解,该解通过导航模块中专用的功能模块实现,以保证主判据和极限判据之间的独立性。当惯性导航解的半径低于预先定义的值时,就会激活极限判据。当惯性速度低于预设值时,就会启动 DRS。在确定该预设值时,要保证不与主判据发生干扰。随后,当飞行条件稍微超过主判据启动条件时,极限判据就会启动 DRS。

9.5　安　装　流　程

下降减速伞安装过程如下:
（1）在安装火工品后,将减速伞组件安装到伞袋;
（2）系绳安装到前端连接点;
（3）活板门封闭和固定;
（4）后端上面板安装后,后端系绳将放置并固定在后端连接点。

射伞器燃气发生器的安装及检查在发射场进行,安排在 IXV 推进系统加注完成并密封之前。

回收分系统安装过程如下:
（1）安装回收分系统复合/蜂窝舱;
（2）安装气瓶固定结构;
（3）通过钛合金夹紧机构,将气瓶安装到气瓶固定结构;
（4）浮动气球集成到舱内;
（5）安装气瓶和浮动气球之间的管道;
（6）火工接口线路检查;
（7）气瓶增压和泄漏检查。

IXV 下降及回收系统安装情况如图 9-9 所示。

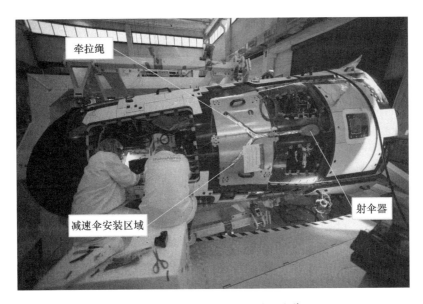

图 9 - 9　IXV 下降及回收系统安装

参考文献

[1] Tumino G, Angelino E, Leleu F, et al. The IXV project: the ESA re-entry system and technolologies demonstrator paving the way to European autonomous space transportation and exploration endeavours. IAC – 08 – D2. 6. 01, 2008.

[2] IXV – Intermediate Expermental Vehicle. www. Spaceflight101. com, 2015.

[3] http://www. esa. int

[4] Loddoni G, Signorelli M T, Antonacci M, et al. IXV adaptation to vehicle reconfiguration. 40th International Conference on Environmental Systems, 2010.

[5] Kerr M, Haya R Mostaza D, et al. IXV re-entry guidance, control & DRS triggering: algorithm design and assessment. AIAA Guidance, Navigation, and Control Conference,2012.

[6] Billig G, Gallego J M. The ground segment and operations of ESA's Intermediate eXperimental Vehicle(IXV). AIAA 2016 – 2504.

[7] Scarfizzi G M D, Bellomo A, Musso I, et al. The IXV Ground Segment design, implementation and operations. Acta Astronautica, 124: 102 – 117, 2016.

[8] Tumino G, Mancuso S, Gallego J M, et al. The IXV experience, from the mission conception to the flight results. Acta Astronautica, 124: 2 – 17, 2016.

第 10 章　IXV 地面试验

10.1　概　　述

研制过程中,IXV 开展大量大型地面试验,验证飞行器及各分系统功能、指标及环境适应性。

10.2　整器振动试验

整器振动试验的目的是对测试飞行器热防护、结构、单机等在振动环境下的力学性能,获得宝贵的试验数据,为其后续飞行试验奠定基础。

IXV 整器振动试验是在完成大部分热防护、内部单机设备、电缆、管路等安装的状态下开展的(见图 10 -1 和图 10 -2)。飞行器整器振动试验台和试验现场如图 10 -3 和图 10 -4 所示。IXV 通过支架模拟件与试验台进行固定,整个飞行器在试验过程中都处于竖立状态(见图 10 -5 和图 10 -6)。

图 10 -1　IXV 振动试验状态

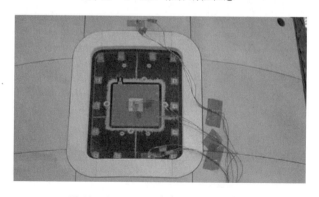

图 10 -2　IXV 天线部位测量传感器

图 10 - 3　IXV 振动试验台

图 10 - 4　IXV 试验现场

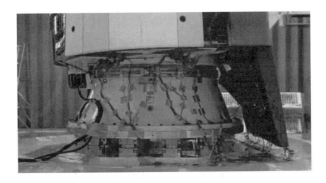

图 10 - 5　IXV 与试验台固定

图 10 - 6　IXV 试验台固定细节

通过飞行器整器振动试验,对飞行器热防护、结构、单机等在振动环境下的力学性能进行了有效测试,得到了宝贵的试验数据,为其后续飞行试验的成功奠定了坚实基础。

10.3　器箭分离试验

2014 年 7 月 31 日,为验证 IXV 与运载火箭的分离方案,在欧空局测试中心进行了飞行器与支架的分离试验,分离试验取得圆满成功。

器箭分离试验验证的目的主要有:

(1)器箭分离方案可靠性;

(2)器箭分离电气方案时序正确性;

(3)器箭分离过程各部件是否会干涉或碰撞;

(4)分离过程力学环境载荷与设计值对比;

(5)分离点保护盒机构运动能否顺利关闭。

IXV 与支架分离试验方案如下:

(1)飞行器与支架由分离装置进行连接;

(2)地面设备与飞行器进行固定连接;

(3)地面设备将试验组合体整体升至一定的高度;

(4)分离时,支架跌落地面保护垫上,试验结束。

IXV 与地面设备的连接主要通过原设定的连接进行,并且在头部通过箍带进行加固连接,如图 10 - 7 所示。IXV 与支架的连接情况见图 10 - 8,试验使用的支架如图 10 - 9 所示。

图 10 - 7　IXV 悬挂固定

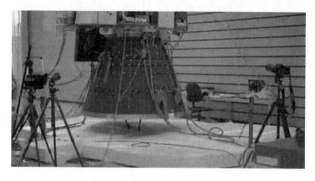

图 10 - 8　IXV 与支架的连接状态

图 10 - 9　IXV 支架

IXV 与支架的分离试验过程如图 10 - 10 ~ 图 10 - 14 所示,整个分离试验达到了试验的全部目的。

分离点保护盒

图 10 - 10　器箭分离试验分离过程 - 1

图 10 - 11　器箭分离试验分离过程 - 2

图 10 - 12　器箭分离试验分离过程 - 3

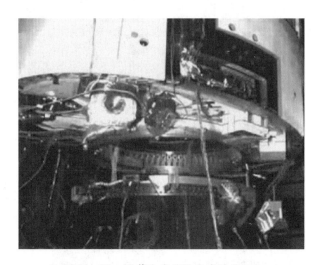

图 10 - 13 器箭分离试验分离过程 - 4

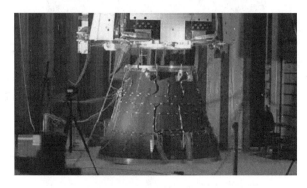

图 10 - 14 器箭分离试验分离结束

10.4 热防护盖板力学试验

1. 面板静力试验

IXV 对面板与其他组件进行了机械压力试验(图 10 - 15),试验的目的是验证单个面板在典型载荷作用下的力学特性。试验中柔性连接未包括在内,但考虑了无限刚性条件。

2. 组件模态试验

模态试验主要为获得飞行器的模态参数,以验证飞行器结构动态特性设计是否符合要求。在有隔热材料和无隔热材料的情况下,分别研究了从 4Hz 到 350Hz 频率范围的组件第一阶振型。试验的模态特征包括:

(1)固有频率;

(2)振型;

(3)模态阻尼因数。

试验件(带附件和密封件)放置在刚性支撑上,并在两个不同的位置进行激励(见图 10 - 16)。

198

图 10 - 15　C/SiC 面板的力学试验,包括所有的应变和位移计

图 10 - 16　模态试验装置

无内部隔热结构时,200Hz 条件下,测量与有限元法的预测结果具有很强的一致性。阻尼稍低于模型所采取的任意值(0.4% ~ 1%)。带隔热结构时,盖板的行为得到了显著改变:阻尼增加至整体位移模式的 2.2% 和表皮模式的 5% 。通常认为这样的高阻尼是有益的,因为它有助于降低飞行动力学载荷下的峰值应力水平。

频率也会被隔热结构改变,如第一阶频率从 95Hz 变为 91Hz。在两种情况下,第一阶振型是连接到支脚的整体面内振型,而有隔热结构时第一阶面外振型发生在 115Hz,无隔热结构时发生在 122Hz,如图 10 - 17 所示。

3. 振动试验

振动试验(见图 10 - 18)的目的是在飞行载荷水平下验证盖板单元。因此,在进行典型动力学加载时,必须验证系统的完整性。

4. 声学试验

声学试验的试验装置见图 10 - 19,谱值主要有三个:145.9dB、154.8dB、158.9dB。

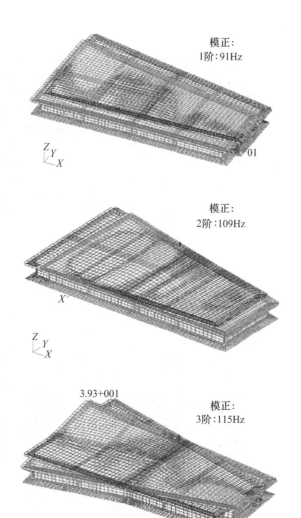

图 10 - 17 前三阶振型和对应的频率(带隔热结构的完整盖板)

图 10 - 18 振动试验

图 10 - 19　声学试验

10.5　热防护盖板热载荷相关试验

IXV 盖板力热耦合试验是基于通用盖板的热载荷,试验的目标如下:

(1) 验证与单盖板组件分开的 C/SiC 盖板 TPS 方案的整体隔热功能;

(2) 验证两个相邻盖板之间界面的隔热功能;

(3) 验证典型环境中连接系统的隔热功能;

(4) 验证单独施加热载荷时的热 – 力学影响;

(5) 通过测量全局热映射,反馈有限元热计算模型的精度;

(6) 验证热载荷与力学载荷同时作用的热 – 力学影响。

组装的试验件见图 10 - 20。

IXV 热防护系统对飞行器背风面与侧面的烧蚀材料以及底部和用于飞行器较热部分的两种不同类型的 C-SiC 进行试验,其中温度较高部分指的是:端头罩、后铰链、襟翼和飞行器的迎风面陶瓷瓦。

IXV 迎风面及其端头罩暴露在较大热梯度和压力载荷环境下,这导致固定元件表面结构和瞬时荷载发生变化,特别是,正台阶会导致局部气动热力效应,并增加邻近面板的热负荷。

IXV 的测试仪器设备旨在记录 TPS 的气动荷载与热荷载,包括挠度和沿飞行器迎风面板的台阶的演变。为此,将高温应变计和热电偶组合放置在位于最高载荷面板后方的金属支座以及端头罩附加件上,将使用线性可变差动传感器(LVDT)测量面板边缘的挠度与台阶。

飞行器试验一个重要的目的就是验证 C-SiC 襟翼在飞行中的力热性能。变更这两个襟翼的偏转角以及差动挠度将导致气动热条件的持续变化,以及表面温度的变化。试验中对襟翼观察的内容包括再附着流、机翼后缘和襟翼侧凹穴加热现象。通过使用测温板(位于襟翼上)和具有透镜光学装置的红外摄像机(位于飞行器后部,从而允许绘制襟翼背风侧的热图)来实现该验证。

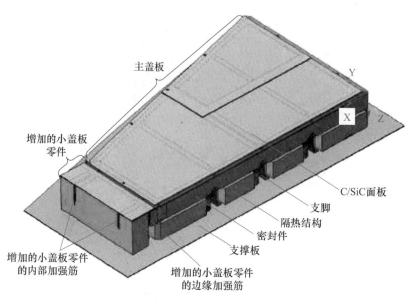

图 10 - 20 组装的试验样品

在热防护的地面试验中,使用烧蚀材料中不同深度的热电偶,从而允许测定热流和烧蚀材料的性能。将传感器放置在过渡区域的两侧以调查不同 TPS 类型的对接区(例如:整体机头至面板、迎风面板至侧面烧蚀材料、端头罩至面板之间)。这些传感器将允许调查表面错配产生的影响以及引起的过热。

IXV 端头 TPS 和迎风面 TPS 设计不仅参考了力学和热力耦合分析,也利用了开发和技术测试的结果。大量的试验工作贯穿了整个详细设计阶段,首先,必须整合不同材料的特性和设计容许值,以得到充分的余量。研究人员对数百件样品开展了一系列的表征试验。此外,还对局部或小尺寸试验对象开展了一系列旨在验证典型设计特征的试验。最重要的试验见表 10 - 1。

表 10 - 1 IXV 开发过程中端头/迎风面材料和部件的试验工作

基本表征测试			验证测试		
测试件	试验类型	测试条件	测试件	试验类型	测试条件
C-SiC 样本	机械特性	室温至 1770K 的拉伸	C-SiC 支腿连接	静态机械阻力	室温

202

（续）

基本表征测试			验证测试		
测试件	试验类型	测试条件	测试件	试验类型	测试条件
C-SiC 样本	等离子体环境中的催化性能和抗氧化	典型等离子体化学环境,从1200K到2000K,从1300Pa至5000Pa 	C-SiC 压力端口	热应力	室温到1770K的斜坡
整个附加装置	高温机械特性	拉伸和弯曲,室温至1270K 	局部 C-SiC 面板 + 密封件 + 隔热 + 连接装置	热特性	表面加热到1600K
整个附加装置	疲劳和损伤允差	室温下的正弦振动 	C-SiC 板,比例 1/3,带密封件,隔热和连接装置	动态特性（固有振型和持久性）	室温下正弦随机和冲击载荷
隔热材料	热性能	从室温到1570K,从10mbar到100mbar 	金属和 C-SiC 板,比例 1/3,带密封件,隔热和连接装置	最大速率通风（降压）	从1bar到10mbar

基本表征测试			验证测试		
测试件	试验类型	测试条件	测试件	试验类型	测试条件
密封件	透气性试验	空气中，温度从室温到 870 K	3 个金属和 C-SiC 板，比例 1/3，带密封件，隔热和连接装置	潜行流（热气体渗透）特性	室温和 570 K 的气体，从 1bar 到约 50mbar

IXV 热防护系统开展了 3 个鉴定试验：

1. 再入环境中迎风面特定位置等离子试验

此试验针对迎风面一些特殊位置（如故意损坏区、维修区、仪器仪表压力端口）开展特殊盖板的等离子试验。试验将使用一种典型的热防护子结构，该子结构将采用与飞行器冷结构相同的材料制造。试验将在欧洲最大的等离子风洞：CIRA 的 Scirocco 设施中开展试验。由于试验台尺寸的限制，测试样件将由 3 块局部盖板组成，如图 10－21 所示。

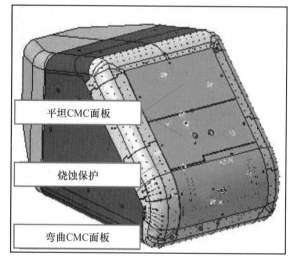

平坦CMC面板

烧蚀保护

弯曲CMC面板

图 10－21　等离子风洞试验件

2. 动态试验

此系列试验将在端头上及由 3 或 4 个盖板的阵列上进行（见图 10－22）。该端头所承受的载荷最大，即冲击载荷，以及其他载荷工况，如低频率正弦、随机、恒定加速度载荷。这就为验证发射环境中盖板的强度创造了条件。试验将对 3 组盖板进行测试，盖板或与热力试验的盖板相同。

3. 力学试验

在典型的力学载荷作用下，对端头及由 3 或 4 块盖板组成的阵列进行试验，以验证变形预测值和组件强度。

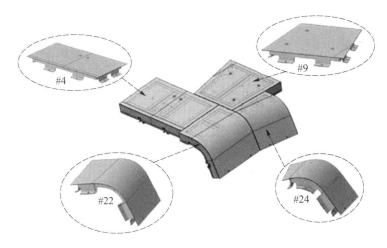

图 10-22 典型鉴定试验配置,2~4 块面板阵列

10.6 溅落回收试验

为了降低 IXV 在下降回收段失败的风险,在 IXV 轨道再入飞行前,规划了溅落回收试验。

IXV 为简化系统设计,采取了伞降回收的技术方案,通过一组伞系统,降低飞行器下降回收阶段的下降速度,使飞行器以合适的速度溅落在海面上,之后飞行器利用回收装置使飞行器漂浮在海面上,以便于回收。

IXV 溅落回收试验主要验证飞行器下降与回收系统的工作性能,试验飞行器为 IXV 1:1 全尺寸样机。为满足试验目的的要求,样机配置了下降与回收系统飞行件产品和其他试验系统所需的地面电性能件产品。

IXV 溅落回收试验样机和相关的器上电气产品分别如图 10-23 和图 10-24 所示,主要的电气产品及软件包括:

(1)器载计算机(OBC):试验控制管理,根据触发条件或按时序发送相关指令;

(2)GPS/IMU:提供导航数据;

(3)数据记录器(REC):具有防水功能的用于采集传感器数据的装置;

(4)远程终端(RTU):专用于模拟传感器或数字传感器的管理;

(5)供配电系统(POW S/S):基于货架产品(COTS)二氧化硅锂电池的供配电系统;

(6)软件:在 IXV 综合测试软件中运行的执行溅落回收试验的算法。

2013 年 6 月 19 日,在地中海撒丁岛东海岸,意大利阿莱尼亚宇航公司采用直升机挂载投放方案完成了 IXV 的第一次水面溅落回收试验,如图 10-25 所示。该次试验主要验证主降落伞的性能、溅落动力学、漂浮气球以及回收信标装置的水面着陆性能。参与此次试验的 IXV 1:1 全尺寸样机重 1822kg,飞行器下降与回收系统除包含主伞外,飞行器前后还设计了便于直升机挂载投放的附加装置及线切割器。

试验中,直升机挂载 IXV 1:1 全尺寸样机升空,在到达距离海平面 3185m 高空的预定试验区域后,IXV 全尺寸样机与载机分离,飞行器加速降落,在降落过程中,IXV 首先打开

图 10 - 23 IXV 溅落回收试验样机

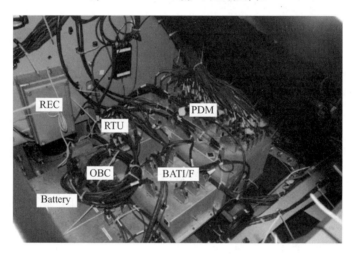

图 10 - 24 IXV 溅落回收试验器上电气产品

图 10 - 25 IXV 溅落回收试验

206

亚声速主降落伞,之后剪掉降落伞绳的防烧蚀防护罩,启动 16 个非爆炸性的作动器以释放漂浮气球上的 4 个面板,抛弃面板,过载传感器监测水的冲击,打开无线电信标,接收来自科斯帕斯卫星网的信号,对溅落在海上的 IXV 样机进行精确定位。此次溅落回收试验取得了成功,试验中飞行器的大部分性能良好,降落伞按预期展开,主降落伞阻力系数 1.29 得到了确认,飞行器以平均 5.3m/s 的速度下降,满足小于 7m/s 的速度溅落在地中海中。但可充气装置出现了充气失败的问题,未能在飞行器落入水中后为 IXV 提供浮力,数据分析显示气球未能充气的原因是探测与水冲撞的传感器阀值设定过高,而溅落过于平稳,溅落期间的冲撞载荷比预期要低,试验计算机记录的冲击减速加速度值为 29.1m/s^2,气球浮力的临界值设定为 30m/s^2。此次试验的成功表明,IXV 飞行器在执行空间任务后可以安全回收。根据相关报道,针对充气失败的问题,欧空局在 2014 年又开展了一次溅落回收试验,进一步对探测飞行器与水冲撞的传感器阈值设定进行了验证,并取得了圆满成功。

参考文献

[1] Pichon T, Barreteau R, Soyris P, et al. CMC thermal protection system for future reusable launch vehicles: Generic shingle technological maturation and tests. Acta Astronautica, 65:165 – 176, 2009.

[2] Pichon T, Barreteau R, Buffenoir F. CMC technology for windward and nose of the IXV vehicle: towards full-scale maufacturing and qualification. IAC – 13, D2.6,3,x18787.

[3] Safe splashdown for Intermediate Experimental Vehicle. http://www.esa.int/Our_Activities /Launchers/IXV.

[4] Quaranta V, Vitiello P, Sorrentino A, et al. Numerical and experimental activities to assess the compatibility of the IXV mock-up custom avionic systems with the splash down shock loads. 66th International Astronautical Congress, 12 – 16 October, 2015, Jerusalem, Israel. IAC – 15,C2,IP,33,x30808.

[5] Caldirola L, Schmid B. Intermediate eXperimental Vehicle jettison mechanism engineering and test. Proc. '16th European Space Mechanisms and Tribology Symposium 2015', Bilbao, Spain, 23 – 25 September 2015(ESA SP – 737, September 2015).

[6] Haya-Ramos R, Blanco G, Pontijas I, et al. The design and realisation of the IXV mission analysis and flight mechanics. Acta Astronautica, 124:39 – 52, 2016.

第11章 IXV 首次飞行试验

11.1 概　　述

IXV 的首次飞行试验原计划于 2013 年执行,之后被推迟至 2014 年 11 月 18 日,但由于火箭子级的落区安全性问题,发射最终推迟至 2015 年 2 月。2015 年 2 月 11 日,由意大利泰雷兹阿莱尼亚宇航公司作为主承包商研制的 IXV 在法属圭亚那航天中心发射升空,并成功完成首飞试验任务。

11.2　试 验 要 求

11.2.1　试验任务要求

IXV 设计执行一系列高要求,其中最重要的有:

(1) 通过 RCS 发动机和气动舵面复合控制,采用升力构型执行大气再入;

(2) 验证和试验一组确定的再入关键技术和学科,如空气动力学、气动热力学、热防护、热结构、导航制导与控制等;

(3) 重点开展在高超声速和超声速飞行域内的验证和试验;

(4) 在海上执行飞行器的降落与回收,飞行器能够承受海面撞击以可用于飞行后的检查和分析;

(5) 采用欧空局 Vega 运载火箭作为运载器,以有限的成本执行点对点的欧洲任务;

(6) 基于飞行样机模型(proto-flight model)的研制准则,执行严格的"按成本设计"方法;

(7) 确保严格的系统研制和质量鉴定方法,在时间框架内尽早执行空间飞行任务。

11.2.2　主要试验要求

欧空局在任务系统要求文件中规定了主要试验要求,具体如下:

1. 防热和热结构试验要求

(1) 依据 IXV 的任务方案,IXV 的主防热系统和热结构组件和部件性能将在特定的环境中进行验证。这些特定环境是指升力体的典型再入环境,可引发真实气体的气动热力学现象,并使防热系统的验证尽可能地接近飞行器上应用材料和技术的极限(即材料发生退化并对边界层产生污染)。

(2) IXV 的防热系统和热结构以陶瓷材料、柔性外部隔热毡(FEI)类和表面防护柔性隔热毡(SPFI)组件(如隔热层、连接件、接头、动静态密封件)为基础。陶瓷组件将经受高载荷迎风面环境,如端头、翼前缘、气动控制舵面等部位;表面柔性隔热毡组件将经受中度载荷侧风面环境;柔性外部隔热毡类组件将经受背风面和底部环境的考验。

（3）包括总体设计、组件尺寸和连接件技术等方面的防热系统和热结构组件设计,将体现上述典型再入任务方案(再入点速度为 7.5km/s)。

（4）IXV 的防热系统和热结构将采用陶瓷和金属连接系统,包括金属和陶瓷连接件。

（5）IXV 的防热系统和热结构装有可对组件和部件性能进行特性辨识和验证的测量仪器。

2. 空气动力学和气动热力学现象研究试验要求

（1）IXV 任务将收集空气动力学和气动热力学现象研究及大气再入应用设计工具验证所需的飞行数据。表 11-1 所示空气动力学和气动热力学现象将在典型环境下开展研究:

表 11-1　空气动力学和气动热力学现象研究

空气动力学和气动热力学现象	优先性
真实气体效应	1
襟翼面效能和气动热力学	2
激波/激波干扰	3
激波边界层干扰	4
湍流加热	5
层流向湍流转捩	6
底部空气动力学和气动热力学	7
稀薄流和连续流的气动力学	8
反作用控制系统的效能	9
材料催化特性	10
转捩分离	11
缝隙加热	12
材料氧化效应	13

（2）为了研究表 11-1 列出的气动力和气动热现象,TPS 要保证边界层的清洁度与标称轨迹条件下再入飞行段的气动力和气动热试验要求匹配。同样地,还要避免奇点(凸点)出现。一旦奇点出现,它们引发的效应可在飞行中监测到。

3. 飞行器模型辨识试验要求

飞行器模型辨识试验提供的必要测量能够在飞行后推导出某些物理参数(如气动力系数、动导数、质心、惯量等),而这些物理参数能够判定 IXV 从与火箭分离至下降与回收分系统启动的这一飞行过程中的飞行动力学和六自由度轨迹。

4. 其他试验要求

出于成本目标的考虑,IXV 的任务将会有选择地给以下飞行试验提供机会:

（1）防热系统和热结构的新型材料和方案,包含陶瓷基和金属基的材料和方案。

（2）健康监测系统传感器和技术,包括 GNC 相关的、结构与防热系统相关的技术。

（3）新型制导、导航与控制技术,应用在与 GNC 功能相关的开环中,包括机载软件和硬件相关的技术、非机载软件和硬件相关的技术。

11.3 试 验 项 目

IXV飞行试验的试验项目主要包括防热和热热结构试验、空气动力学和气动热力学试验和飞行器模型辨识试验。

1. 防热和热结构试验(见表11-2)

防热和热结构试验均要求在 IXV 经受最大热通量的任务阶段进行,此外还包括 IXV 机身上发生层流向湍流转捩的阶段。几乎全部试验项目都需要温度和压力测量装置,这些装置分布在各类 TPS 组件上。在某些情况下,需要位移传感器来测量 TPS 纵向变形,还需要应变仪以获得 TPS 组件性能的全貌。

表 11-2 防热和热结构试验列表

试验项目	相关任务阶段	测量位置	需要的测量/传感器
陶瓷基复合材料(CMC)端头	30~80km 高度	端头	温度测量(9 处) 位移传感(4 处)
CMC 防热系统	30~80km 高度	迎风面	温度测量(8 处) 压力测量(4 处) 位移传感(4 处)
FEI-1100	30~80km 高度	背风面和底部	压力测量(8 处) 温度测量(12 处)
SPFI	30~80km 高度	后侧部	压力测量(4 处) 温度测量(10 处)
HPIX	30~80km 高度	迎风面	温度测量(4 处) 热通量测量(1 处)
IMI	30~80km 高度	迎风面	压力测量(5 处) 温度测量(5 处)
铰链密封件	30~80km 高度	铰链(襟翼)	温度测量(2 处)
碳/碳化硅大型防热瓦	30~80km 高度	迎风面	温度测量(17 处) 压力测量(4 处) 热通量测量(2 处) 强度测量(16 处) 位移传感(4 处)
防热瓦接头	30~80km 高度	迎风面	温度测量(2 处) 压力测量(2 处) 热通量测量(1 处)
碳/碳化硅防热瓦	30~80km 高度	迎风面	温度测量(17 处) 压力测量(9 处) 热通量测量(1 处) 强度测量(8 处) 位移传感(4 处)
襟翼	30~80km 高度	襟翼	强度测量(2 处) 温度测量(4 处)

上述所有的试验项目都和IXV上各类热防护系统及技术相关,下面对上表列出的试验进行简述:

➢ 端头

端头为陶瓷防热系统,用于承受IXV端头上的最大热载荷。该试验属于核心试验,其与IXV结构的机械接口也是本试验的一部分。

根据碳/碳化硅材料的催化特性,预测出的端头最大热通量在 $225 \sim 615 kW/m^2$ 的范围之内,在标称轨迹中的最佳估值为 $430 kW/m^2$,对应的辐射平衡温度约为 $1482℃$。

➢ CMC防热系统

IXV迎风面的陶瓷基防热系统,可用于完成陶瓷材料方案的试验。

➢ FEI 1100

这是一种用于飞行器底部和背风面的FEI类防热系统,可重复使用的温度范围达到 $1100℃$。与IXV结构的接口(粘接在气动外壳面板上)属于该试验的一部分。

➢ SPFI

SPFI是侧迎风面的TPS,用于承受中等温度水平(低于 $1200℃$)。与IXV结构的接口(粘接在气动外壳面板上)属于该试验的一部分。

➢ HPIX

HPIX为先进的隔热层套件,它安装在防热系统外层和冷结构之间,用于飞行器不同区域。迎风面是选择进行试验的区域。

➢ IMI

它是一种轻质隔热层,安装于迎风面高温防热瓦之下。

➢ 铰链密封件

铰链密封件包括动态和静态密封件,用于限制通过防热系统缝隙的热对流(其中包含襟翼与飞行器的接口)。

➢ 碳/碳化硅大型防热瓦

该部件是IXV迎风面上的一种大型陶瓷瓦防热系统(温度范围在 $1000 \sim 1400℃$)。根据碳/碳化硅材料的氧化性,迎风面上CMC平面瓦的最大热通量估值范围为 $140 \sim 335 W/m^2$,最佳估值为 $287 kW/m^2$,对应的辐射平衡温度为 $1313℃$。

➢ 防热瓦接头

在飞行中试验防热瓦密封件和连接件的性能,以及防热瓦连接性能。除温度、压力及热通量的测量之外,该试验还要求进行壳体力学位移的测量。

➢ 碳/碳化硅防热瓦

该部件为保护IXV前缘的中等尺寸陶瓷防热瓦,将在1200至 $1600℃$ 的飞行环境中试验。与冷结构的力学接口是各试验项中的一部分。

➢ 襟翼

IXV上的襟翼系统是一种陶瓷热结构,在任务阶段会通过相应的一些仪器(如热通量传感器、温度和压力传感器)对其进行监测。

襟翼迎风面上的最大热通量预测值为 $1020 kW/m^2$。

2. 空气动力学和气动热力学试验

IXV上装设有一系列的测量仪器(如图11-1所示)以支撑开展空气动力学和气动热

力学试验(如图11-2和表11-3所示)。

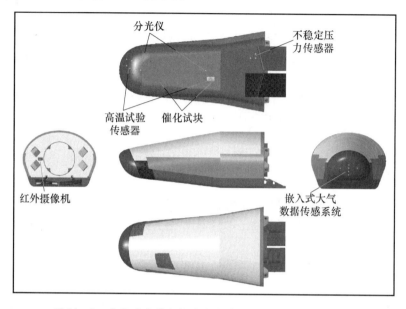

图11-1 空气动力学和气动热力学试验飞行器上仪器位置

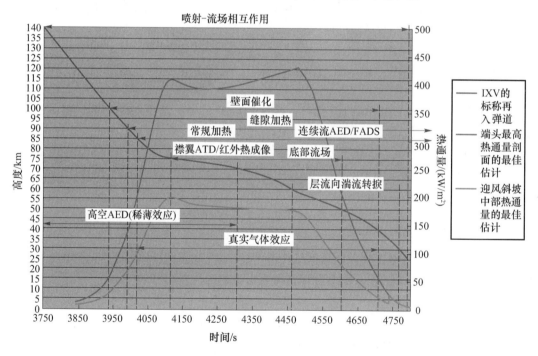

图11-2 空气动力学和气动热力学试验研究现象

表11-3 空气动力学和气动热力学试验列表

试验项目	空气动力学和气动热力学现象	优先度
真实气体效应	真实气体效应	1
	材料氧化效应(端头)	13

（续）

试验项目	空气动力学和气动热力学现象	优先度
襟翼气动热力学与红外热成像	襟翼舵面效能和气动热力学	2
	激波－激波干扰	3
	激波边界层干扰	4
	转捩分离	11
	材料氧化效应(襟翼)	13
常规气动加热	湍流加热	5
层流向湍流转捩	层流向湍流转捩	6
底部流场	底部空气动力学和气动热力学	7
高空稀薄效应、连续流空气动力学试验和FADS	稀薄和连续流空气动力学	8
喷流干扰	反作用控制系统(RCS)效能	9
壁面催化	材料催化性能	10
缝隙加热	缝隙加热	12

➢ 真实气体效应试验

真实气体的特性是飞行中试验最为重要的目标之一,本试验有双重目标:第一个试验目标是描述激波层的特性,并评估真实气体效应(高热熔流动,热化学非平衡效应)对IXV的壁面压力、热通量等级及热分布的影响结果;第二个试验目标是真实气体标识,通过测量分布在整个飞行器上大量点位的壁面压力和热通量实现。

➢ 襟翼气动热力学与红外热成像试验

从气动热力学角度,襟翼部分是IXV上最有研究意义也是最复杂的区域。在舵面正偏转情况下,会产生一些复杂的气动热力学现象:

(1)激波和边界层干扰,会导致边界层在襟翼铰链上游分离并重新附着于襟翼,还会导致分离激波和再附激波的出现;

(2)激波和边界层干扰会使襟翼的效用丧失;

(3)边界层可能在分离或再次附着于襟翼时发生转捩(此现象称为转捩激波和边界层干扰),可导致襟翼的再附线上产生过高的热通量;

(4)可能出现的激波与激波干扰,即三种激波的相互作用(分别为弓形激波、主分离激波、主再附激波),能够引起压力和热通量的超限;

(5)可能出现的碳/碳化硅襟翼材料的氧化现象,尤其是襟翼背风面,此处局部氧分压很低但温度很高,所以很容易出现氧化。目前襟翼气动热力学试验的目标就是研究上面提到的这些复杂气动热数据现象。

襟翼红外热成像试验设计包含两种互补型的测量技术/仪器:单个襟翼背风面某部分的红外热成像,可利用逆向法则得出该襟翼迎风面加热全局测量;7个组合式热通量探头的测量由10个热电偶完成,可测量局部离散压力、热通量和温度。

➢ 常规气动加热试验

本试验的设计目的首先在于满足上面提到的真实气体效应试验的意图;次要目的才是执行迎风面和肩部区域的附加热电偶测量(利用安装在背风面侧面的2处组合式热通

213

量压力探头)以及底部和背风面一些热通量传感器的测量,两者都涉及柔性防热毡的技术。

> 层流向湍流转捩的试验

由于 IXV 上防热组件的并列放置和飞行器外表面的不光滑性,机身上层流向湍流的转捩不可避免地要受粗糙度影响。

本试验的目的在于,通过机身上的 TPS 粗糙度(分布式或独立式)来记录层流向湍流转捩的时间和特性。层流向湍流转捩的试验设计使用很多常规加热试验和壁面催化试验的仪器,此外仅用到 13 个额外的热电偶。传感器在迎风面和肩部区将对称分布,从而可以探测在飞行期间可能的非对称性层流向湍流转捩。

> 底部流场试验

底部流场试验的首要目的在于,提升对红外热成像试验周围气体介质方面的认知,从而提高逆向法则的准确度。该试验的次要目的是为飞行后的气动分析数据提供输入,并为 CFD 工具的改良提供有价值的飞行数据,在底部流场领域的解算仍未达到足够的可靠程度。

> 高空稀薄效应试验

本试验的目的在于评估高空区域内的气动特性,该区域对应自由分子流态和连续流态之间的转捩状态。

飞行器的迎风面上装有 3 个嵌入式滑流和表面摩擦传感器,用于评估稀薄流态中的滑流速度比。

> 连续流空气动力学试验和 FADS

连续流气动力学试验的目标在于从连续流再入飞行阶段的飞行数据中辨识有效的气动力学特性。而这些气动特性的主要部分包括气动力学系数、襟翼配平偏转值、流动特性(由压力场测绘得出)。

FADS 试验旨在收集关于飞行器相对于流场的位置和该位置变化率的信息,特别是在稀薄气体与真实气体状态中尚未已知的气动力系数。

> 喷流干扰试验

喷流干扰试验是处理在壁面出现羽流扩散和羽流撞击的特殊现象时,喷射流与外部流场之间相互作用的试验。本试验的目的是,在 RCS 有效的高度范围内,评估喷流与流场相互作用对 RCS 的效能以及局部壁面压力与热通量分布的影响。

> 壁面催化试验

壁面催化试验针对由于 TPS 材料催化特性和热通量分布结果导致的壁面流场相互作用的问题。试验主要研究 TPS 防热材料上的两种催化涂层,这些涂层的催化程度不同于其周围的防热材料。在最靠近端头的位置使用这些涂层所产生的效应可能最受关注,因为此处会发生非常重要的非平衡效应。在端头迎风面中心线外的两个纵向位置上使用涂层,其产生效应可与对应的未受干扰的对称线进行对比。测量仪器位于涂层上或涂层周围,以及飞行器上未受干扰的相应对称线上。催化涂层上密集安装的测量仪器,主要用于捕捉防热瓦和涂层对接处的热通量的突增,并对涂层附近发生的松弛过程进行很好的复原。热电偶分布于飞行器上深 1.5mm 的盲孔内。说到涂层材料,因为拥有高熔点和高发射率,所以锆可能是最好的一种涂层备选材料。这种涂层一般由热喷镀工

214

艺制造而成。

> 缝隙加热试验

缝隙加热试验主要处理缝隙内的微气动热力学及潜流问题。在压力梯度较大的区域中,裸露在外的防热瓦间缝隙会出现较高的加热速度。在这种情况下会出现一种对流加热过程和壁与壁辐射加热的组合现象。

本项试验研究两种缝隙结构的加热过程:一种是由密封件深入封闭的襟翼铰链缝隙,另一种是未封闭的襟翼侧面缝隙(处于襟翼和铰链防热系统组件之间)。试验依靠 10 个热电偶并将利用用于其他试验目的压力传感器。热电偶中有 2 个分布于外部防热系统背面,另外 8 个在两个缝隙内部。

3. 飞行器模型辨识试验

飞行器模型辨识试验的目的是改进并验证飞行器在实际飞行环境中的飞行动力学模型,重点关注稳定性和控制导数,从而提升用于未来同类再入飞行器设计的预测能力。

IXV 的飞行器模型辨识试验不同于主流的常规飞行器,具有以下特殊性:

● 较低的可控制性:控制舵偏和 RCS 主要用于配平飞行器以及执行滚转操作,只给飞行器模型辨识试验所特需的机动操作留下极少的控制功能。

● IXV 再入任务的约束条件限制了飞行器模型辨识机动的范围,其中气动加热是关键限制因素。

● IXV 是无人飞行器,所以任何特定的飞行器模型辨识机动都需要预先程序化。

● IXV 在闭环条件下飞行,控制输入和运动变量高度相关。由于辨识机动操作与配平关系密切,这一特性就能够转为共线性问题,与辨识算法中的奇点联系起来。

● IXV 的飞行环境快速改变,而且飞行过程很短:这意味着只能以较少的飞行数据(一次飞行)来获得时变复杂模型的信息量。

图 11-3 示出了 IXV 的飞行器模型辨识分解为逻辑功能模块和各辨识模块之间的逻辑流程。

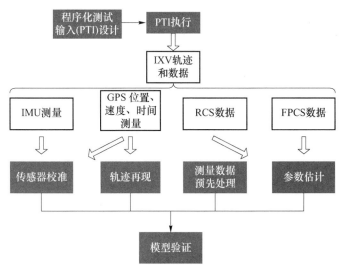

图 11-3 飞行器模型辨识功能架构

11.4　飞行试验方案

11.4.1　试验系统组成

IXV 飞行试验由四大系统组成,包括试验飞行器、Vega 运载火箭、测控通信系统以及回收船。

1. 试验飞行器

执行此次轨道再入飞行的试验飞行器采用升力体布局,总长 5.058m,宽 2.237m,高1.54m,质量 1845kg,如图 11-4 所示。

整个试验飞行器采用三面体机身,边缘采用圆角形式,具有两个襟翼,升阻比为 0.7。两个襟翼用于执行配平和飞行控制。飞行器装有回收系统,用于确保 IXV 漂浮在海面上等待回收。

图 11-4　试验飞行器

2. Vega 运载火箭

由 Vega 运载火箭执行 IXV 发射任务,此次发射为 Vega 运载火箭的第四次发射任务。Vega 运载火箭于法国巴黎时间 2012 年 2 月 13 日 11 时(北京时间 13 日 18 时)首飞成功,其填补了欧洲小型运载火箭的空白,进一步拓宽了欧洲运载能力的范围。

Vega 运载火箭由 3 个固体子级外加 1 个液体上面级构成。火箭全长 31.06m,最大直径 3.025m,起飞质量 135.45t,能将 1.5t 有效载荷送入高度为 700km 的极地轨道,或将1.2t 有效载荷送入距地 1200km 的太阳同步轨道,如图 11-5 所示。

Vega 运载火箭各子级性能如表 11-4 所示。

3. 测控通信系统

IXV 测控通信系统由三部分组成:任务控制中心、地面站以及通信网络。IXV 通信网

216

图 11 – 5 Vega 运载火箭

络及测控通信系统的接口关系分别如图 11 – 6 和图 11 – 7 所示。

表 11 – 4　Vega 火箭各子级主要性能

项目	一子级	二子级	三子级	上面级
极长	11.71m	7.53m	3.47m	0.47m
直径	3m	1.9m	1.9m	2.18m
推进剂质量	88.38t	23.9t	10.115t	0.418t
结构质量	7.408t	1.863t	0.835t	0.550t
子级质量	95.788t	25.751t	10.948t	0.968t
推质比	0.92	0.93	0.92	/
发动机	P80 FW 固体 火箭发动机	Zefiro 23 固体 火箭发动机	Zefiro 9 固体 火箭发动机	AVUM
推进剂	HTPB1912	HTPB1912	HTPB1912	NTO + UDMP
推力	2980kN(真空)	1196kN	280kN	2.450kN
真空比冲	2744m/s	2832m/s	2891m/s	3092m/s
工作时间	~106s	~72s	~117s	/

1）任务控制中心

IXV 任务控制中心位于意大利都灵 ALTEC 中心基地,任务控制中心负责执行并协调 IXV 的全部任务操作,直到飞行器完成回收。任务控制中心将对 IXV 飞行轨迹进行监控,与地面站协调,并对飞行器回收进行远程支持。任务控制中心还配备飞行轨迹传送及可视化工具,可利用从地面站接收的实时遥测数据进行飞行器飞行轨迹传送并将信息发布至其他地面站,以便于 IXV 的跟踪,如图 11 – 8 所示。

2）地面站

为了实现 IXV 遥测、跟踪需求,IXV 首飞任务共配置了 2 个固定地面站和 2 个可移动地面站,固定地面站分别位于加蓬首都利伯维尔(Libreville)和肯尼亚马林迪(Malindi),位于利伯维尔的地面站用于跟踪 IXV 发射火箭的最后一级,即 Vega 火箭的上面级。位

217

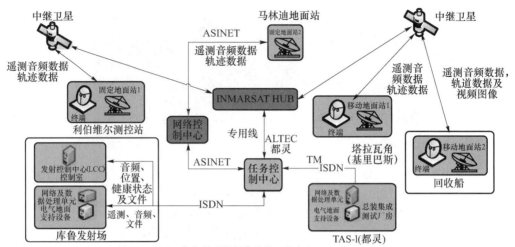

注：ALTEC– 意大利后勤保障科技工程中心。

图 11 – 6　IXV 通信网络(图片来源于参考文献 15)

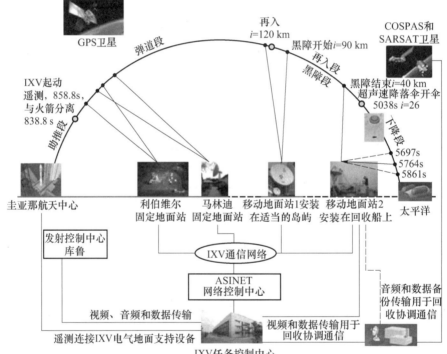

图 11 – 7　IXV 飞行试验数据传输链路

于马林迪的地面站用于跟踪 IXV。固定地面站采用 CCSDS 通信格式,并提供与 SLE 标准兼容的接口系统。2 个可移动地面站分别负责 IXV 跟踪和 IXV 遥测数据接收,可移动地面站 1 设立于塔拉瓦岛,此岛为隶属于基里巴斯共和国的珊瑚礁岛,可移动地面站 2 位于 IXV 回收船上。

　　IXV 地面站负责跟踪飞行器、接收、记录遥测数据并将其发送至任务控制中心,考虑到带宽限制及可用实时功能层任务数据的必要性,所有的地面站均配备记录器以存储实

218

图 11 – 8　IXV 海上平台天线与 ALTEC 任务控制中心

时及延迟的遥测数据。地面站会在合适的时机将记录的数据传送至任务控制中心进行数据解析。

IXV 功能层数据下行链路传输速率为 1Mb/s,试验层 IFE 数据传输速率也为 1Mb/s,两者均采用 S 波段进行传输。功能层遥测流采用 CCSDS 结构构造不同的虚拟通道,从而允许地面站将其分为不同的遥测源。

3)通信网络

IXV 通信系统支持向任务控制中心传输来自 IXV 地面站的实时遥测数据以及音频数据、轨迹数据和其他运行数据。此外,该系统还支持任务协调、回收工作,实现相关任务地面操作部分,包括任务控制中心、运载器任务控制中心、回收船等之间的通信和数据交换。在飞行器溅落后,IXV 通信网络中心将支持数据传输,即使用 FTP 服务器或 SLE 离线服务将存储在地面站记录器内的数据传送到任务控制中心。

IXV 通信网络主要由两部分构成:AsiNet 网络和 Inmarsat 网络。AsiNet 是意大利航天局负责的网络,可实现 ALTEC 和马林迪站间的连接,该网络是经验证和测试过的合适且可靠的方案,已在许多其他空间任务中被 ALTEC 任务控制中心使用了多年。Inmarsat 网络由 Inmarsat 卫星链制定,用于实现任务控制中心和其他遥测地面站的通信连接。任务控制中心通过专用线与 Inmarsat HUB 相连,此网络数据先传送至卫星然后由地面站的 Inmarsat 终端接收。此 HUB 向地面站 Inmarsat 调制解调器提供可靠的服务。

IXV 首次飞行任务中,地面部分只具备接收 IXV 遥测数据的能力,而无法向飞行器发送遥控数据/指令。IXV 和地面部分间的数据通信是基于 TCP/IP 实现的。任务控制中心和地面站具备基于 VoIP 的语音通信能力,可以实现团队之间的实时信息交流。

4. 回收船

回收船采用 F. lli Neri 的 Nos Aries 号,Nos Aries 号全长 60.60m,为一艘近海船,船的前部为舱面船室,从船的中间到后部是一片大的空旷甲板,如图 11 – 9 所示。

Nos Aries 号主要为 IXV 回收提供如下支持:

图 11 - 9　Nos Aries 号

- 不小于 40 天的按巡航速度自主航行;
- 大的甲板用于 IXV 及相关设备的放置;
- 在海洋 4 级条件下可起吊 6t 重的载荷;
- 具备冗余的动态配置系统可用于高精度位置保持;
- 强有力的火探测、熄火和海水冲洗系统;
- 可以对化学危险物品进行处理。

11.4.2　任务剖面

试验飞行器由 Vega 运载火箭携带从法属圭亚那的库鲁发射场升空,整个任务飞行轨迹剖面包括 4 个阶段:

——发射上升段:从火箭起飞到 IXV 与火箭分离;

——亚轨道飞行段:从 IXV 与火箭分离到 120km 高度再入界面点;

——再入飞行段:从 120km 高空到超声速降落伞打开;

——下降回收段:从超声速降落伞打开到 IXV 溅落在海面上。

如图 11 - 10 所示,Vega 运载火箭点火后,火箭携带 IXV 从发射台的位置向东飞行,将 IXV 送入近地点 76km 远地点 416km 轨道倾角 5.4°的赤道亚轨道,飞行器与运载火箭在距离地面约 333km 的高度处分离。器箭分离后 IXV 执行亚轨道飞行,通过惯性滑行飞行器进一步爬升,到达约 412km 的最高轨道高度后飞行器返回地球,飞行过程中利用 RCS 发动机进行速度修正,以提高再入点的精度。在距离地面 120km 高度时,飞行器转入再入飞行段,以约 7500m/s 再入速度、- 1.2°航迹倾角再入,执行 45°大攻角再入飞行。在飞行高度约 26km,飞行器依次打开超声速减速伞、亚声速减速伞和主降落伞,将 IXV 的着陆速度降至 6m/s,之后 IXV 溅落于加拉帕哥斯群岛(位于厄瓜多尔西部)西部的太平洋海域中并完成回收。IXV 的整个飞行持续约 102min,飞行总距离约 34400km,其中再入飞行段的飞行距离约 7600km。在 IXV 的整个飞行试验期间(发射上升段、亚轨道段和再入飞行段),地面多个测控站和回收船对 IXV 实施不间断的跟踪,并实时传递重要的试验数据。

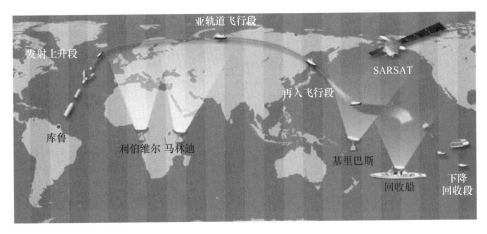

图 11 - 10　IXV 飞行试验方案

IXV 飞行试验任务剖面如图 2 - 4 所示,在整个试验期间,位于意大利都灵的任务控制中心利用地面测控网络和中继星对 IXV 实施不间断的跟踪和监测,并实时接收重要的飞行数据和试验数据,任务可见性如图 11 - 11 所示。

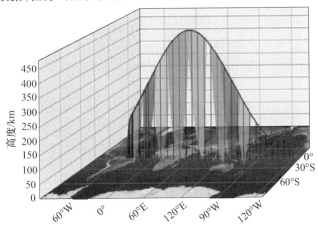

图 11 - 11　IXV 飞行过程中任务可见性

11.4.3　首飞飞行时序

IXV 首飞设计飞行时序如表 11 - 5 所示。

表 11 - 5　IXV 首飞设计飞行时序

时间	事件	飞行高度/km	飞行速度/(m/s)
T - 0:00:00	P80 发动机点火		
T - 0:00:00. 3	火箭起飞	0	0
T + 0:00:35	马赫数 1		
T + 0:01:52	一级分离	44	1877
T + 0:03:35	二级分离	101	4275

221

时间	事件	飞行高度/km	飞行速度/(m/s)
T+0:03:50	三级火箭发动机点火		
T+0:04:02	抛整流罩（接收 GPS 数据）	117	4424
T+0:06:37	三级分离	171	7956
T+0:08:00	AVUM 上面级一次点火		
T+0:13:49	AVUM 上面级一次关机	目标轨道:76×416km,5.4°轨道倾角	
T+0:16:13	利伯维尔收到遥测信号		
T+0:17:59	IXV 与上面级分离	332	7656
T+0:18:20	利伯维尔锁定 IXV		
T+0:20:34	IXV 小推力器工作		
T+0:23:30	马林迪收到遥测信号		
T+0:25:24	利伯维尔失去遥测信号		
T+0:31:14	AVUM 上面级二次点火		
T+0:31:30	AVUM 上面级二次关机		
T+0:32:00	IXV 达到最大飞行高度	412	
T+0:34:12	马林迪失去遥测信号		
	IXV 切换到高性能轨道控制	165	
T+1:04:00	开始再入	120	7500
	GPS INS 数据更新	90	
	IXV 切换到高性能再入控制	~80(0.045g)	
T+1:20:00	回收船开始监听 IXV 信号		
T+1:22:00	IXV 出黑障		
T+1:25:00	降落伞口盖弹出		
	三级超声速降落伞打开	26	510
	亚声速伞开伞	10	102
T+1:29:00	主伞开伞	5	41
T+1:42:00	溅落	0	6

11.5 飞行试验结果初步分析

IXV 首次飞行试验共飞行了 5796.92s,最终溅落于太平洋。

Vega 运载火箭于世界时 13:40 点火起飞,也即起飞后 1130s 时刻 IXV 与 Vega 运载火箭上面级分离,起飞后 3899s 时刻 IXV 进入再入飞行窗口,起飞后 5112s 时刻 IXV 进入到下降回收窗口,起飞后 5796s 时刻 IXV 溅落在太平洋。

表 11-6 和表 11-7 分别给出了 IXV 器箭分离和进入再入窗口时实际飞行条件与预测数据的对比,从表中可以看出,由于器箭分离较预期晚了 51s,IXV 整体飞行时序有一些推后,但 IXV 整体飞行状态良好,IXV 飞行轨迹与预期吻合较好,由图 11-12~图 11-14

可以看出。

表 11 -6   IXV 器箭分离条件与预测数据对比

项目	预测值	实际值
分离时间/s	1079	1130
半长轴/km	6624.285	6623.870
偏心率	0.0257477	0.0257689
倾角/(°)	5.429	5.430
升交点赤经/(°)	-62.315	-62.314
近地点角/(°)	-3.563	-3.742
真近点角/(°)	124.797	128.058
远地点高度/km	416.708	416.431
近地点高度/km	75.590	75.051

表 11 -7   IXV 进入再入窗口条件与预测数据对比

项目	预测值	实际值
时间/s	3874.34	3899.3
大地高度/km	120	120
地理纬度/(°)	-4.48	-4.40
地心经度/(°)	173.39	174.77
航迹速度/(m/s)	7435.16	7437.89
航迹角/(°)	-1.21	-1.16
航迹方位角/(°)	86.70	86.58
攻角/(°)	42.43	46.74
侧滑角/(°)	1.26	-0.90
倾侧角/(°)	1.24	-0.52

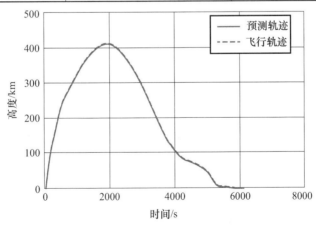

图 11 -12   IXV 飞行高度随时间变化曲线

图 11 -15 和图 11 -16 给出了 IXV 飞行中端头、襟翼和迎风面的温度变化曲线,飞行器实际飞行时机体各部分的温度较预测的温度低 200~600K,反映在 IXV 典型区域热防

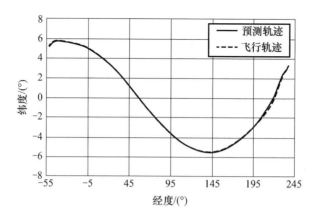

图 11 - 13　IXV 星下点轨迹曲线

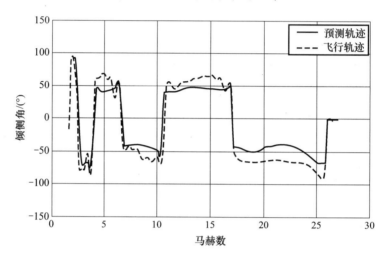

图 11 - 14　IXV 飞行倾侧角随马赫数变化曲线

护设计上为了处理真实气体效应、催化效应、过渡效应等复杂的气动热现象,留有较大的设计裕度。实际飞行状态热流剖面与计算状态相似,但整体热流水平比预测状态低 25%~40%,主要原因包括两点:一是实际飞行轨迹并未出现设计分析时所考虑的极端轨迹情况;另一方面,飞行器表面的 CMC 材料产生了部分接触反应特性,降低了飞行器表面的热流水平。

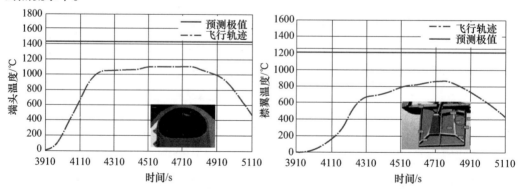

图 11 - 15　IXV 飞行中端头和襟翼温度变化曲线

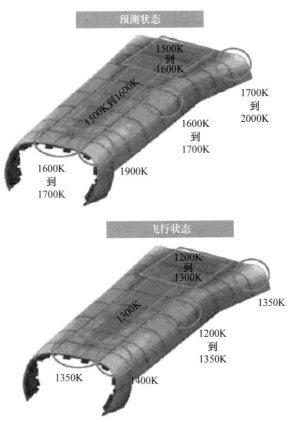

图 11-16 迎风面 TPS 温度分布

图 11-17 给出了 IXV 飞行中主要单机的温度变化曲线,可以看出 IXV 单机热控设计也有很大的裕度,如电源保护与分配装置(PPDU)设计使用温度上限为 60℃,惯性测量装置(IMU)设计使用温度上限为 65℃,数据处理装置(DAU)设计使用温度上限为 75℃。

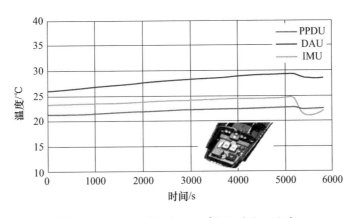

图 11-17 IXV 飞行中主要单机温度变化曲线

IXV 安装的 300 多个传感器中,除一个冗余的热电偶在飞行中故障外,试验获得了其他所有传感器的数据。

11.6　关键技术验证分析

11.6.1　一体化升力式再入飞行器总体设计技术

IXV作为欧洲第1架基于系统级一体化设计的升力体再入飞行器,在项目研制的各个阶段,包括设计、制造和总装等,均贯彻了全任务周期一体化集成设计思想,如IXV采用了三舱一体化结构布局方案,冷结构采用一体化框梁结构,通过三个隔板将飞行器内部划分为4个不同功能的舱段,通过仪器安装板等实现仪器设备的一体化装配;一体化端头方案,IXV端头采用一体化CMC方案;一体化热防护系统总装,IXV热防护系统设计为可整体装卸的方式;一体化电气系统方案,IXV整个电气系统架构以LEON2-FT微处理器为核心、以1553B总线为基础、以一系列串口和以太网为支撑进行构建。这些设计在IXV系统集成、试验与演示过程中,均得到了充分的验证。通过首次轨道再入飞行试验,全面验证了飞行器系统设计的正确性,为一体化升力式再入飞行器的设计积累了重要的设计经验。

11.6.2　轨道再入热防护材料体系

IXV再入飞行过程中,飞行时间长、温度高、总热载大,再入期间飞行器承受的温度接近1649℃,需要研制低热导率、高效率、高性能及高质量稳定性的耐高温轻质隔热材料。同时严峻的热力学环境为关键设计引入复杂性问题,如接口、接头、密封、缝隙、台阶和奇点的热膨胀。

通过IXV飞行,在海面安全溅落,并成功打捞回收,表明欧洲攻克了热材料研制、生产与制造工艺、无损检测等相关的技术,同时也表明欧洲的热防护材料体系可以满足其开展轨道再入飞行试验的需求。

11.6.3　热防护与热结构设计技术

由于缺乏有关再入飞行期间气动力和气动热等一些现象的准确知识,如飞行器高速再入大气时,氧、氮气体分子会进行分解从而消散产生的高能量,理想的气体规律转变成复杂的真实气体规律,这使得气动参数估算和再入热流的估算均存在很大的不确定性;由于全飞行器不同部段热环境条件的差异,为确保整体热防护系统方案优化,需要针对不同的设计区域采用不同的设计方案分区进行热防护系统的设计,另外,整体热防护与热结构的设计还需解决冷热结构匹配、热密封等一系列复杂的技术问题。通过IXV首次轨道再入飞行试验,成功验证了IXV热防护与热结构设计的合理性,验证了设计工作和方法的可行性。

11.6.4　轨道再入导航制导与控制技术

IXV再入飞行经历了RCS控制、RCS/气动舵面复合控制和气动舵面控制等多种控制模态,并需要利用倾侧机动减小气动热的影响。IXV利用继承于大气再入验证机(ARD)的制导算法,惯性测量装置与GPS结合的导航方式,以及通过襟翼与反作用控制子系统相结合的控制方案,解决 LEO 再入高超声速阶段的一切复杂 GNC 问题。

IXV 与 Vega 火箭分离后,在外大气层飞行期间,飞行器通过三轴控制以确保良好的 GPS 天线指向。再入期间,飞行器飞行在一条制导轨迹上,这要求导航系统确定飞行器的位置和速度,制导系统将这些状态数据趋于期望的轨迹并保持它。IXV 采用 IMU + GPS 修正 + 阻力导出高度计伪测量的先进组合导航技术,采用阻力导出高度计伪测量得到的数据来修正惯性导航数据,克服了再入黑障的影响,提高了在黑障区只有纯惯性导航的精度;采用双襟翼 + 4 台 RCS 发动机的简单配置实现了再入飞行的稳定控制,解决了气动舵面/RCS 复合控制技术。通过 IXV 飞行试验,成功验证了升力式轨道再入飞行器的制导、导航与控制技术,标志着欧洲掌握了针对轨道再入飞行器的先进制导、导航与控制技术。

参考文献

[1] Tumino G, Mancuso S, Walloschek T, et al. The IXV Project: The European approach to in-flight experimentation for future space transportation systems and technologies. 58th International Astronautical Congress, Hyderabad, 24 – 28 September, 2007.

[2] Cosson E, Giusto S, Del Vecchio A, et al. Overview of the in-flight experimentations and measurments on the IXV experimental vehicle. Proc. Of the 6th European Symposium on Aerothermdynamics for Space Vehicles, Versailles, France, 3 – 6 November 2008.

[3] Zaccagnino E, Malucchi G, Marco V, et al. Intermediate eXperimental Vehicle (IXV), the ESA re-entry demonstrator. AIAA Guidance, Navigation, and Control Conference 08 – 11 August 2011, Portland, Oregon. AIAA 2011 – 6340.

[4] ESA experimental spaceplane completes research flight. http://www. esa. int/Our_Activities /Launchers/IXV.

[5] IXV Mission Timeline. http://www. esa. int/Our_Activities/Launchers/IXV.

[6] Arianespace. Vega User's Manual, issue 4. 0, 2014.

[7] Bellomo A, Musso I, Scarfizzi G M D, et al. The IXV ground segment-architectural and operational development. IAC – 12 – B2. 1. 11, 2012.

[8] Musso I, Bellomo A, Santoro G, et al. IXV ground segment architecture status of implementation and testing. SpaceOps Conferences 5 – 9 May 2014, Pasadena, CA SpaceOps 2014 Conference. AIAA 2014 – 1671.

[9] Volpi M, Battie F. IXV, a long way from the "concept mission design" to Vega 4th consecutive success. 66th International Astronautical Congress, Jerusalem, Israel, 2015.

[10] Ramos R H, Blanco G, Fuentes I P, et al. Mission and flight mechanics of IXV from design to postflight. 66th International Astronautical Congress, Jerusalem, Israel, 2015.

[11] Pichon T, Buffenoir F. CMC windward TPS and nose of the IXV vehicle qualification integration and flight. 66th International Astronautical Congress, Jerusalem, Israel, 2015.

[12] Béjar-Romero J A, Maina S, Zaccagnino E, et al. Paving the European re-entry way-the IXV vehicle model identification subsystem. 66th International Astronautical Congress, Jerusalem, Israel, 2015.

[13] Bologna S, Santoro G. IXV recovery operations. 66th International Astronautical Congress, Jerusalem, Israel, 2015.

[14] Pichon T, Buffenoir F. IXV CMC Thermal Protection System: Post-flight Preliminary Analysis. 67th International Astronautical Congress, Guadalajara, 2016.

[15] Tumino G, Mancuso S, Gallego J M, et al. The IXV experience, from the mission conception to the flight results. Acta Astronautica, 124: 2 – 17, 2016.

[16] Angelini R, Denaro A. IXV re-entry demonstrator: mission overview, system challenges and flight reward. Acta Astronautica, 124: 18 – 30, 2016.

[17] Dutheil S, Pibarot J, Tran D, et al. Intermediate experimental vehicle, ESA program aerodynamics-aerothermodynamics key technologies for spacecraft design and successful flight. Acta Astronautica, 124: 31 – 38, 2016.

[18] Haya-Ramos R, Blanco G, Pontijas I, et al. The design and realisation of the IXV mission analysis and flight mechanics. Acta Astronautica 124: 39 – 52, 2016.

[19] Buffenoir F, Zeppa C, Pichon T, et al. Development and flight qualification of the C-SiC thermal protection systems for the IXV. Acta Astronautica, 124:85 – 89, 2016.

[20] Buffenoir F, Escafre D, T Brault, et al. Dynamical and thermal qualification of the C-SiC nose for the IXV, Acta Astronautica, 124: 79 – 84, 2016.

[21] Cioeta M, Vita G D, Maria T S, et al. Design, qualification, manufacturing and integration of IXV Ablative Thermal Protection System. Acta Astronautica, 124: 90 – 101, 2016.

[22] Marco V, Contreras R, Sanchez R, et al. The IXV guidance, navigation and control subsystem: development, verification and performances. Acta Astronautica 124: 53 – 66, 2016.

[23] Succa M, Boscolo I, Drocco A, et al. IXV avionics architecture: Design, qualification and mission results. Acta Astronautica, 124: 67 – 78, 2016.

第 12 章　IXV 与 X-37B 飞行试验比较分析

12.1　X-37B 及飞行试验概况

X-37B 最早源于可重复使用航天器概念。1993 年,洛克威尔国际公司发明了一项名为"重复使用飞回式卫星 ReFly"的专利。随后几经发展,ReFly 逐渐演化为一种可重复使用的空间机动飞行器(SMV),成为美国空军军用空间飞机(MSP)计划的一部分。在 MSP 计划中,SMV 的 X – 飞行器代号为 X-40 和 X-37。

X-37B 的研制计划变迁可概括如下,如图 12 – 1 所示。

- 1996 年 10 月,美国空军和 NASA 联合研制 X-40A(X-37 的缩比型)、SMV;
- 1999 年 7 月,X-37 计划正式开始,由 NASA 马歇尔航天中心管理,波音公司为主承包商;
- 2004 年 9 月 13 日,X-37A 转给国防预研计划局 DARPA,自此变成一项秘密计划;
- 2006 年 11 月 17 日,美国空军宣布采用 NASA 的 X-37A 研制 X-37B,由空军快速能力局负责管理;
- 2010 年 4 月 22 日,X-37B OTV-1 首飞。

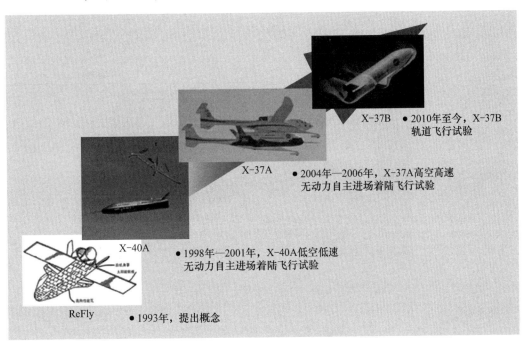

图 12 – 1　X-37B 的研制计划变迁

X-37B 作为 SMV 的技术验证飞行器,由波音公司的"鬼怪工程队"负责研制,用于验证一系列的技术和能力:

- 航天器自主离轨、再入及在跑道着陆的能力;
- 完全重复使用飞行器长期在轨运行能力及返回地球能力;
- 第一个从离轨到着陆停机采用全电飞行控制和刹车系统的再入飞行器;
- 第一个可重复展收太阳电池阵,能够从轨道返回;
- 第一次在轨道再入返回重复使用验证机端头上使用 BRI 防热瓦;
- 第一次在轨道再入返回翼前缘上使用 TUFROC 防热瓦;
- 第一次在轨道再入返回中使用 CMC 表面 CRI 隔热毡;
- 第一次在轨道再入返回中使用的 C – C 控制舵热结构。

X-37B 采用与航天飞机轨道飞行器相似的翼身组合体气动外形,如图 12 – 2 所示,不同之处是航天飞机轨道飞行器采用单垂尾气动布局,X-37B 采用新型的全动 V 尾气动布局。X-37B 飞行器详细参数见表 12 – 1。

表 12 – 1　X-37B 主要特征参数

序号	项目	数值
1	长度	8.84m
2	翼展	4.57m
3	高度	2.90m
4	净重	3200kg
5	载荷能力	227kg
6	载荷舱长度	2.13m
7	载荷舱直径	1.22m
8	理论在轨时间	270d
9	最大着陆速度	480km/h

图 12 – 2　X-37B 在轨运行示意图

美国空军共研制了两架 X-37B 飞行器,自 2010 年 4 月以来,两架 X-37B 飞行器交替入轨,先后完成了四次轨道飞行试验,目前正在开展第五次轨道飞行试验,截至 OTV-4 返回着陆,两架飞行器累计在轨运行时间共 2086 天。X-37B 前四次飞行试验均搭乘 Atlas V 501 运载火箭从卡那维拉尔角航天发射场第 41 号发射区起飞,第五次飞行试验则是由太空探索公司的"猎鹰"9 – 1.2 型运载火箭在卡纳维拉尔角肯尼迪航天中心发射。OTV-1、OTV-2、OTV-3 均着陆于范登堡空军基地 12 号跑道,OTV-4 着陆于肯尼迪航天中心第 15 号跑道。

X-37B 五次飞行试验基本情况如表 12 – 2 所示。

表 12 – 2　X-37B 五次飞行试验概况

主管机构	美国空军				
任务类型	平台技术验证与拓展,空间材料特性研究试验、霍尔电推进系统试验等				
试验名称	OTV-1 (USA212)	OTV-2 (USA226)	OTV-3 (USA240)	OTV-4 (USA261)	OTV-5 (USA261)
发射时间	2010 – 4 – 22 23:52 UTC	2011 – 3 – 5 22:46 UTC	2012 – 12 – 11 18:41 UTC	2015 – 5 – 20 15:05 UTC	2017 – 09 – 07 14:00 UTC
返回时间	2010 – 12 – 3 09:16 UTC	2012 – 6 – 16 12:48 UTC	2014 – 10 – 17 16:24 UTC	2017 – 5 – 7 11:47 UTC	—
在轨时间	225 天	469 天	675 天	718 天	—
COSPAR 编号	2010 – 015A	2011 – 010A	2012 – 071A	2015 – 025A	—
NORAD 编号	35614	37375	39025	40651	—
初始轨道倾角	39.985°	42.780°	43.5°	37.897°	40° ~ 65°
着陆场 (见图 12 – 3)	范登堡空军基地 12 号跑道			肯尼迪航天 中心 15 号跑道	—
发射场 (见图 12 – 4)	卡那维拉尔角航天发射场第 41 号发射区				卡那维拉尔角 肯尼迪航天中 心 39A 发射台
运载火箭	Atlas V 501				Falcon 9 – 1.2 型

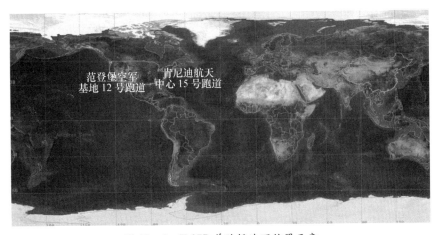

图 12 – 3　X-37B 着陆场地理位置示意

图12-4 肯尼迪航天中心与卡纳维拉尔角位置示意

12.2 IXV与X-37B主要技术方案对比

IXV与X-37B主要技术方案对比见表12-3。

表12-3 IXV与X-37B主要技术参数对比

序号	项目	IXV	X-37B
1	气动布局	不带翼升力体	翼身组合体
2	控制舵面	襟翼	副翼、襟翼、V尾和减速板
3	全长	5.058m	8.84m
4	宽度	2.24m	4.57m
5	高度	1.54m	2.90m
6	净重	约1900kg	3200kg
7	载荷能力	—	227kg
8	最大升阻比	0.7	4.2
9	在轨时间	不入轨,亚轨道飞行	≥270d(设计)
10	再入方式	无动力	无动力
11	再入速度	约7500m/s	约7500m/s
12	再入角	−1.2°	−1.0°~−1.2°
13	再入驻点热流	≤700km/m²	≤800km/m²

以下从气动布局、再入热走廊和防热设计上对IXV和X-37B的方案进行对比。

1. 气动布局

气动布局的选择和设计主要由飞行器的总体任务需求和飞行剖面决定,为了适用不同的任务需求,达到不同的试验目的,IXV和X-37B分别采用了不同的气动布局方案。

对于IXV,其使命是为欧洲未来的自主大气再入飞行器开发演示验证相关技术和系统,飞行试验最重要的目的之一是研究气动热力学现象,因此气动布局必须要设计成飞行过程中能够产生高温真实气体效应、黏性效应等的气动热力学现象的布局形式,带有大钝度头部的锥形升力体布局非常合适。同时,为了满足配平和姿态控制方面的需求,在底部

232

设计了两个可以独立偏转的体襟翼。整体上看,由于 IXV 的试验目的非常明确,且不需要以水平着陆的方式进行回收,气动布局的设计以外形简单、满足高超声速条件下所需要测量的气动热力学现象为主要目标。

而对于 X-37B 而言,气动布局的设计工作则没那么简单。由于美国在航天飞机的研制过程中积累了大量的轨道再入、水平进场着陆的研制经验,X-37B 本身已不再是一种简单的以验证再入返回技术为主要试验目的的飞行器,其核心身份更应该是一种空间作战平台的技术验证机,身份和功能的不同对气动布局的设计来说也将与 IXV 有天壤之别。首先,作为一种空间作战平台的技术验证机,需要有足够的装填空间以搭载不同的有效载荷;其次,可重复使用的技术特点要求其具备水平着陆的能力;第三,从再入返回到水平着陆,飞行器将横跨稀薄流、滑移流和连续流整个大气层,飞行马赫数涵盖了高超声速、超声速、跨声速、亚声速和低速整个速域范围,气动布局的整体设计要充分考虑不同速域范围内焦点位置的剧烈变化,以及由此带来的稳定性和气动控制舵面的操稳匹配特性等问题;最后,气动布局的形式在一定程度还要考虑结构的可实现性和热防护系统的可安装性。因此,X-37B 的气动布局最终选择了翼身组合体,如图 12 − 5 所示,在最大程度上平衡了各个方面的约束和需求,更为关键的是美国在航天飞机的研制上积累了大量的翼身组合体布局设计经验。

综上可以看出,由于 IXV 和 X-37B 在总体任务需求和飞行试验目的等顶层设计上不同的理念,气动布局的设计则完全按照两种不同设计思路开展,最终的布局也呈现出两种不同的形式,没有孰优孰劣,目标都是满足总体方案和试验需求。

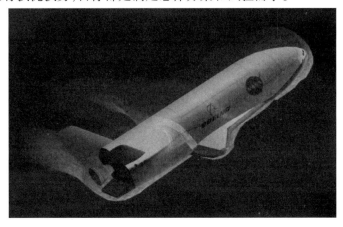

图 12 − 5　X-37B 翼身组合体气动布局

2. 再入热走廊

就目前的热防护及隔热材料发展情况而言,不管是端头、翼前缘和控制舵活动部件的防热 − 结构一体化热结构,还是防热 − 隔热综合功能的防热瓦,或防热盖板加隔热的部件,对于轨道再入的抗氧化非烧蚀(包括微烧蚀)或可重复使用的 TPS 设计方案来说,可能选择的防热、隔热材料都会受到使用温度限和总热载荷的限制。

从再入热走廊的概念,TPS 在设定的热走廊之内飞行,即在速度 − 高度曲线上下边界划定的区域内飞行,各个区域的表面温度都不会超越使用温度限,所经历的总热载也不会使其各处的冷结构壳体温度超越使用温度限,可确保满足这一热走廊设计的 TPS 是安全的,不会影响其生存能力以及重复使用能力。

对于特定的 TPS 材料、质量、厚度而言,再入热走廊的上边界受到 TPS 能承受的总热载荷能力限制,当然还要考虑落地以后,TPS 中部温度较高区域向冷结构壳体及蒙皮的传热。例如美国航天飞机轨道飞行器再入热走廊的上边界,初期设计限定它的 TPS 驻点区域能承受的总热载上限大约在 $800MJ/m^2$。上边界越往上抬,则表示再入飞行时间越长,飞行航程越大,因此总热载荷也会越大。再入热走廊的下边界受到热环境严酷区域热防护表面所能承受的最高温度限制,热走廊下边界越往下移,则表示能承受的最高温度越高。例如美国航天飞机轨道飞行器热走廊下边界限定了驻点及翼前缘最高温度不超过 1650℃,X-37B 再入热走廊下边界限定了驻点及翼前缘最高温度不超过 1700℃。

因此,从可重复使用轨道再入飞行器 TPS 能承受的总热载荷和最高表面温度限的综合考虑,设计的再入热走廊,即正常的再入速度 - 高度曲线越靠近下边界,再入飞行时间会越短些,总热载荷也越小些,TPS 的质量也会越轻些。因此,在 TPS 表面能承受的最高温度前提下,从优化再入热走廊路径设计而言,实际再入飞行的速度 - 高度曲线应尽可能靠近热走廊下边界。

由于再入热走廊与轨道再入飞行器生存能力紧密相关,所以对于再入热走廊的设计受到飞行器设计师们高度重视,是实施再入飞行器一体化设计以及 TPS 设计不能绕过的必经程序。

图 12 - 6 是几种典型高超声速再入飞行器的再入热走廊速度 - 高度曲线,从图中可以看到,它们的轨道都经历了稀薄气体区域和化学非平衡离解区域,主要气动加热区域大致在 80 ~ 60km 飞行高度,而且它们实际的飞行热走廊轨迹非常相近,这说明它们的热走廊选择和 TPS 设计有异曲同工之妙。当然图中的 ARD 飞行器除外,因为它是与 APOLLO 飞船类似的外形,属于烧蚀防热半弹道式再入。

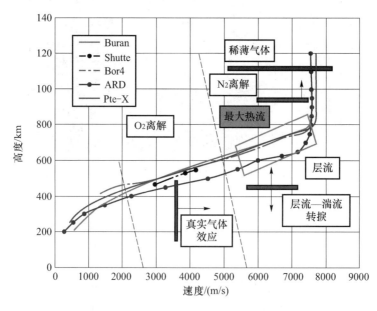

图 12 - 6　典型高超声速再入飞行器的再入速度 - 高度曲线

图 12 - 7 是各类高超声速飞行器再入热走廊的速度 - 高度曲线,包括低升力和高升

力再入飞行器,也包括星际航行的飞行器,它表明对于再入各种行星的大气层,选择和设计再入热走廊也是各类飞行器必须要遵从和完成的程序。

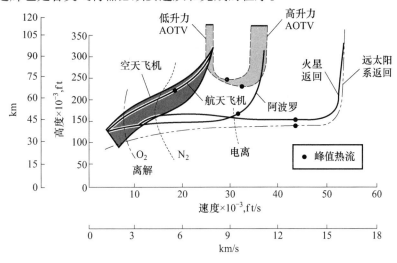

图 12-7　各种高超声速飞行器再入大气层的速度 – 高度曲线

表 12-4 中给出了 IXV、X-37B 和其他高超声速飞行器速度 – 高度具体数值,从对比可以看出,IXV 与 X-37B 再入热走廊的设计基本相近。

表 12-4　高超声速飞行器再入热走廊边界与轨道参数

飞行器与飞行轨道	飞行速度 m/s 飞行高度 H/km	100	90	80	70	60	50	40	30
IXV	再入轨道	7500	7500	7500	6200	4900	3000	1200	700
Pre – X	再入轨道	7750	7700	7700	6200	4950	3400	1500	600
X-37B	走廊上界	6100	4900	4800	3400	2500	1900	1250	650
	走廊下界	8100	8000	7800	6700	5200	3100	2000	1100
航天飞机	再入轨道	7300	7300	7400	6700	5200	3100	2000	1100
BURAN	再入轨道	7600	7600	7500	6200	4500	3300	1900	1000

3. 防热设计

在 X-37 和 X-37B 研发中,在热防护领域发展了许多新技术,并实施飞行试验验证,在 X-37 阶段,可重复使用热防护技术是其最为重要的验证目标。考虑到入轨和可重复使用以及再入方式,X-37 和 X-37B 的 TPS 主要在航天飞机热防护体系的基础上进行改进和提高,例如最为关键的 TUFROC 和 CRI 可重复使用防热材料技术,均在航天飞机基础上有了革命性的突破,在耐温能力、强韧化性能和制备尺寸上基本解决了航天飞机的薄弱环节。

X-37B 热防护可划分为五个部分:即端头、翼前缘、机翼、机身迎风面高温区;中后部迎风面、侧面和背风面的中低温区域;控制翼活动部件热结构区域;天线窗口防/隔热;以及热密封及其密封填充物。图 12-8 是 X-37B 返回地面后的端头 TPS 前视图,可以清晰看到端头和大面积的热防护表面,图 12-9 是 TPS 的侧视图,可以观察到不同颜色的顶部和侧面防热层分布。

图 12 - 8　端头 TPS 前视图　　　　　　图 12 - 9　TPS 的侧视图

X-37B 主要区域热防护方案如下：

（1）端头、翼前缘和机翼、机身迎风面的高温区：在 X-37B 这些部位上替换了美国航天飞机轨道飞行器使用的抗氧化增强 C - C（RCC 或 ACC），而采用了 NASA Ames 中心研制的韧化单体纤维增强抗氧化复合材料，简称 TUFROC，其优越性一是能长时间承受 1700℃ 的高温，并且可重复使用；二是密度低质量轻，达到 0.4g/cm^3；三是制造周期短、成本低。这是美国 20 年来第一种成功用于航天器重返大气层飞行的新型轻质低成本可重复使用防热系统。TUFROC 制造周期是航天飞机轨道器防热系统相应部位的 1/6 到 1/3，而成本仅为 1/10。

（2）中后部迎风面、侧面和背风面的中低温区域：由 Boeing Huntington Beach 发展的 CRI 先进隔热毡，是 X-37B 上成功应用的另一种重要防/隔热材料，代表了目前中低温区防热材料的最高水平。CRI 拓展了航天飞机先进柔性可重复使用隔热体 AFRSI（650℃）的性能，通过添加不同的组分和表面 CMC 涂层处理，其使用温度可达到 982 ~ 1093℃，通过改变基体材料的组分来制备不同使用温度的材料。CRI 的一个显著特点是可以做得很大，一般可达几英尺，大尺寸 CRI 的使用大量减少了 TPS 组件的数量。X-37B 的中后部迎风面、侧面和背风面大量采用了 CRI，I 型重复使用温度 1000℃，单次 1100℃；II 型重复使用温度 1200℃，单次使用 1300℃。

（3）控制舵活动部件热结构区域：X-37B 的控制活动部件包括副翼、襟翼、V 尾和减速板，除了减速板在低空减速时张开使用外，其他三种皆为承力、防热和控制的一体化热结构部件。在 X-37B 再入飞行过程中，活动控制热结构部件表面最高温度超过 1370℃。

IXV 为了承受恶劣的再入热环境，热防护系统采用了先进设计，飞行器端头、迎风面和前缘防护系统，以及襟翼热结构采用 C/SiC 方案，飞行器背风面和底部初期采用柔性外部隔热毡（FEI）方案，侧面初期采用表面防护柔性外部隔热毡（SPFI），后期从降低成本和降低风险的角度，除了端头、襟翼和大面积迎风面等欧空局重点考核和攻关的热防护关键部位仍保留原方案外，包括底部、背风面和侧面等其余部位的热防护皆替换为烧蚀型硅树脂基材料，因此，在热防护设计方案上，IXV 与 X-37B 相比还有较大差距。

12.3　IXV、X-37B 对重复使用飞行器研制的启示

IXV 首次飞行试验的圆满成功，是新世纪以来继美国成功完成 X-37B 的三次轨道飞行试验之后，其他国家或联盟首次进行的针对升力体式轨道再入返回关键技术开展的飞

行演示验证试验。IXV 飞行试验的成功,标志着欧洲已基本具备了继美、俄之后世界上第三个自主实现完全可重复使用飞行器研制的技术基础。从 IXV 和 X-37B 的研制历程看,它们的研制思路对全世界研制天地往返重复使用飞行器具有一定的借鉴意义。

(1)国外开展天地往返重复使用飞行器的研制思路基本上是按照先突破轨道再入技术,再突破进场着陆技术或先突破进场着陆技术,再突破轨道再入技术的思路开展。轨道再入技术和进场着陆技术是天地往返重复使用飞行器的关键,国外基本上是采用研制 2 架飞行器开展演示验证来突破这些技术的。

美国在研制 X-37B 之前,已成功研制了世界上第一个可重复使用的航天飞机。美国通过重复使用航天飞机的研制和 135 次的飞行试验,在重复使用飞行器研制技术领域实力雄厚,研制配套体系完备,在轨道再入非烧蚀热防护技术、高精度导航制导与控制技术、气动力/气动热预示技术、空间飞行器运用技术等方面均积累了丰富的设计经验,有大量的研制经验可借鉴。在 X-37B 的研制上,美国是按照先突破自主进场着陆相关技术,之后直接开展轨道再入飞行试验的思路开展的。这从 X-37 的计划安排也可得到应证:X-37计划正式起始时间是 1999 年 7 月,此后一直到 2004 年 9 月转给 DARPA 之前,都由 NASA管理。原定制造两种 X-37 飞行器:进场着陆试验飞行器(ALTV)和轨道飞行器(OV)。ALTV 用于验证大气中的飞行动力学特性和自动着陆系统,OV 验证发射上升、轨道运行、制动再入返回、自动着陆、地面控制、维护和快速周转作业。1998 年至 2001 年,NASA 利用空军研究实验室/波音公司研制的 X-40A,完成了用直升机投放的低空低速进场着陆试验。2006 年 4 月至 9 月,DARPA 完成了白骑士/X-37A 挂飞和高空高速进场着陆试验。此后,X-37 计划进入轨道飞行试验阶段,转由空军快速能力局负责管理至今。实际上,NASA 的 X-37 OV 从来没有制造,但其设计是空军 X-37B 轨道试验飞行器计划的起点。

在 X-37 计划中迄今共有 4 种飞行器:X-37B、X-37A、X-40A 和 X-40。X-37B 源自 X-37A,X-37A 源自 X-40A,X-40A 源自 X-40,X-40 则源自 ReFly。在 X-37B 轨道飞行试验之前,美国利用 X-37 计划中的 4 种飞行器开展了大量的自主进场着陆飞行试验,如表 12−5所示。

而在开展 IXV 研制与飞行试验之前,欧空局实际上并未有过升力式飞行器轨道再入成功飞行的经验,其研制基础相对还比较薄弱,研制经验也很不足。为尽快突破飞行器重复使用技术,欧空局在有限的经费投入条件下,选择优先突破气动力/气动热、热防护和导航制导与控制等轨道再入相关的核心关键技术,为将来欧洲形成可重复使用天地往返飞行能力储备技术,积累必要的知识和经验。

表 12−5　X-37 计划对自主进场着陆技术的验证情况

型别	X-40	X-40A	X-37A	X-37B
研制时间	199309—199907	199907—200409	199907—200609	199907—今
试验日期	19980811	20010404—20010519	20060407—20060926	20100422—
牵引滑行试验次数	35	6	多次 (200504−05)	多次 (200710)
挂飞试验次数	12	多次	多次	—
进场着陆试验次数	1(计划 5 次)	7	6(3 次失败)	—

对于欧空局而言,IXV 是一个非常具有挑战性和震惊的短期项目。为了降低研制难度,同时达成设定的技术目标,欧空局对 IXV 的定位非常明确——"过渡性试验飞行器",同时将 IXV 仅仅作为一个技术验证飞行器,采用简单但可兼顾后续拓展使用的升力式外形开展飞行演示,而没有直接选择复杂的带翼飞行器外形开展试验,从而实现了用少量研制经费达成预期的目标。

IXV 飞行试验的成功,标志着欧洲已基本具备了继美、俄之后世界上第三个自主实现完全可重复使用飞行器研制的技术基础。IXV 飞行试验的成功,也表明在重复使用飞行器的研制上,欧空局已探索形成了一条通过合理设计专项飞行演示试验降低研制风险、节约研制经费的新的重复使用飞行器研制途径,即采用简单但可兼顾后续拓展使用的升力体外形飞行器的飞行演示掌握重复使用飞行器最核心的关键技术,获取相关的试验数据,为下一步研制积累经验,之后在已验证外形的基础上拓展,采用更复杂外形的飞行器研制类美国 X-37B 的重复使用飞行器。这从 IXV 后续的发展可以应证:欧空局将在 IXV 的基础上,增加机翼、V 尾、有效载荷舱、太阳能电池阵和着陆架等结构,使飞行器能够提供多用途货仓,以集成多种模块化有效载荷实现多任务目标,并能够离轨并再入返回地面,在传统跑道上执行安全、精确的着陆操作。

（2）注重继承借鉴,努力降低风险是 X-37B 和 IXV 取得成功的关键。

X-37B 继承了航天飞机轨道飞行器、X-20 和多项 X–飞行器的成果。它借鉴了航天飞机轨道飞行器的气动、防热、再入、操作维护等众多方面的技术和经验。同时,它还进行了许多改进,并采用了许多现成的商用成熟硬件/软件产品。X-37B 早期以高纯度的过氧化氢和 JP-8 煤油作为推进剂。但 X-37B 则改为甲基肼（MMH）和 N_2O_4 的双组元自燃可储推进剂,虽然 MMH 有剧毒,然而技术上则更为成熟。

X-37 沿用了 X–飞行器系列的阶段试验法,以降低研制风险和节约成本。演示验证试验都是按照基础技术研究、重点技术演示验证、飞行器系统演示验证和飞行器集成演示验证的顺序,分阶段依次进行。每个阶段都尽量在接近真实环境和真实环境下进行试验。

X-37 飞行试验计划由三个飞行试验阶段组成:第一阶段（1998 年 8 月—2001 年 5 月）——X-40A（X-37 85% 缩比）地面牵引滑行、挂飞和低空低速自由飞行进场着陆试验;第二阶段（2004 年 9 月—2006 年 9 月）——X-37A 地面牵引滑行、挂飞和和高空高速无动力飞行进场着陆试验;第三阶段（2010 年 4 月—）——X-37B 地面牵引滑行和轨道飞行再入着陆试验。这种逐步试验法是一种高效费比、低风险的航天器试验方法。

系统分析和在相关环境中仿真是每一个研制阶段选择技术开发方案的基础和依据。通过试验、仿真、演示验证新的能力和可行性,努力提高技术成熟度和集成成熟度的级别,才能尽量减少风险和不确定因素。保障关键技术成熟和有多个产品循环,这是保证技术开发成功的关键。

在开展 IXV 研制之前,欧洲已先后启动了 FESTIP 计划、FLTP 计划以及 FLPP 计划,并成功完成了 ARD 再入飞行试验,也针对 Pre-X 飞行器开展了多年的研制,已积累了一定的轨道再入研制相关经验。

Pre-X 是一种实验型升力体,也是演示欧洲具有掌握可重复使用飞行器的滑翔再入技术飞行器,这是在 ARD 大气再入验证机成功飞行,并取得这种飞行经验的优势后,向前

238

迈出的又一步骤。这个计划定位于试验型飞行器的第一代,是欧洲开辟更雄心勃勃的演示道路之前,降低风险所需要的。Pre-X 作为欧洲第一个升力式外形的高超声速再入滑翔飞行器,研发的主要目标有两个方面:第一方面是为 RLV 试验 TPS 的一些部件;第二个方面,也是最重要的,是为了增加对于再入现象的了解,给出飞行试验中高超声速区域气动热力学现象的相关数据,以改善飞行中的测量过程,在正确的时间和正确位置获得正确的输出。同时通过 Pre-X 的研发,使地面试验工作成熟,以及通过 Pre-X 试验性飞行,考核轨道再入技术要求最苛刻部分。

Pre-X 这种滑翔飞行器长 4m,宽 2m,头部半径 0.65m,重 1400~1600kg,升/阻比为0.7。在 IXV 的研制过程中,从试验飞行器构型选型到再入飞行走廊设计,从系统方案确定到飞行演示试验方案等方面均充分继承了 Pre-X 的研究成果。同时,IXV 的控制系统、电气系统等,均采用已经得到充分验证的成熟设备,大幅度减少了项目研制时间,降低了研制风险,确保了产品具有较高的可靠性。

(3)重视技术创新,是 X-37B、IXV 这类新型重复使用飞行器研制的典型特点。

X-37B、IXV 等新型重复使用飞行器均大量采用新技术。

X-37 早期确定要验证的先进技术包括以下 40 项先进技术,如表 12-6 所示。

表 12-6　X-37 早期确定要验证的先进技术

序号	技术类别	技术项目
1	电子装置/软件	开放式体系架构——技术嵌入
2		光纤数据总线,双速率 AS 1773;1~20 Mb/s
3		低成本嵌入表面齐平式天线,Ka 波段相控阵天线
4		现成的商用硬件/软件——降低研制维护成本
5		容错自主作业
6		砷化镓太阳能电池阵
7		增强的姿控
8		高温电子装置
9		高能量密度电池,供轨道飞行使用的多次重复使用低压直流锂离子电池,和供再入和大气飞行控制系统作动器用的高压直流锂离子电池
10		NASA 飞行器健康综合管理系统
11		对接硬件演示
12	地面/飞行作业	快速全面探测热防护系统损伤
13		方便操作的舱口和舱门
14		小型空勤组(3 人)飞行作业控制中心(FOCC)
15	结构	高温石墨/双马来聚酰亚胺(Gr/BMI)夹层结构,高温复合材料与热防护系统结合(PETI-5,BMI)
16		小型重复使用空间飞行器(RSV)薄的热气动面
17		模块化机身——快速变换
18		轻质标准有效载荷容器
19		标准有效载荷接口

序号	技术类别	技术项目
20	导航制导和控制	大气计算数据系统
21		全天候迎风自适应制导,低成本空间集成 dGPS/INS 系统
22		飞行任务数据快速装入
23		小型重复使用空间飞行器(RSV)侧风着陆
24		自动交会接近
25	机械系统	轻质起落架
26		相变制动装置
27	推进	复合材料输送管路
28		可储推进剂储箱
29		低成本操作性——可储
30	热防护系统/热控系统	高温迎风面热防护系统
31		高温上面/侧面热防护系统
32		耐久的前缘防热瓦
33		高温低成本连接密封
34		非零重力环境下的环路热管热控系统
35		热防护系统快速防水
36		故障自动防护的实用环境下筛选表面热防护系统试验板
37		耐久的低传导性/低密度防热瓦
38		适应气候条件的金属防护层
39		可操作性高的金属热防护系统
40	飞行科学	高熵飞行剖面

IXV 在立项之初就强调再入系统验证、再入技术试验和再入飞行特性验证,在具体试验方案设计时也体现出对于再入相关核心技术的重视,如端头、迎风面的热防护系统采用了不同于美国早期防热瓦的新一代 CMC(C/SiC)复合材料一体化热结构部件方案。

参考文献

[1] Cervisi R, Toliver D, Greenberg H, et al. U. S. Patent 5,402,965 for a "Reusable Flyback Satellite." April 4, 1995, Rockwell International Corporation, Seal Beach, CA.

[2] Grantz A C. X-37B Orbital Test Vehicle and Derivatives. AIAA SPACE 2011 Conference & Exposition 27 – 29 September 2011, Long Beach, California. AIAA 2011 – 7315.

[3] Schierman J D. Flight Test Results of an Adaptive Guidance System for Reusable Launch Vehicles. AIAA, 2004 – 4771.

[4] Dumbacher D L. X-37 flight demonstrator project: capabilities for future space transportation system development. IAC – 04 – V. 6. 05.

［5］The development of the X-37 re-entry vehicle, AIAA, 2004 − 4186.

［6］Jacobson D. X-37 flight demonstrator:a building block in NASA future access to space, 2004, 2, 11.

［7］Mitchell D. X-37 flight demonstrator:X-40A flight test approach,2004, 2.

［8］Development of new TPS at NASA Ames Research Center. AIAA, 2008 − 2560.

［9］Rodriguez H. X-37 storable propulsion system design and operations. AIAA, 2005 − 3958.

［10］Jenkins D R. Space Shuttle:the history of the National Space Transportation System:The First 100 Missions.

［11］Cleland J, Iannetti F. Thermal protection system of the Space Shuttle. contract 4227 NASW − 3841 − 72 June 1989.

［12］Baiocco P. Pre-X experimental re-entry lifting body:design of flight test experiments critical aero-thermal phenomena. EN − AVT − 130 − 11.

［13］孙洪森. 轨道再入飞行器进入热走廊与热防护系统研发及安装. X-37 专题文集第三集,中国运载火箭技术研究院研究发展中心,2013.

第13章 后续展望

IXV首次飞行试验的成功,开启了欧洲探索可重复使用技术的新篇章。欧洲已基本掌握了重复使用热防护材料、热结构设计、轨道再入导航制导控制等核心关键技术,获取了大量供后续可重复使用飞行器研制使用的气动力热数据,为下一阶段欧洲重复使用轨道验证机(PRIDE)项目的研制奠定了坚实的基础。正如欧空局局长朵儿丹在IXV试验成功后所说,"对于欧洲而言,掌握再入技术将开启新的篇章,此次试验被认为是对研制重复使用飞行器具有里程碑意义的事件"。

13.1 IXV的后续发展——ISV

在IXV再入试验成功后,欧洲已着手开展下一阶段的研究工作——欧洲重复使用轨道验证机项目,并计划于2019年开展飞行试验。

2012年,欧洲便积极筹划IXV实现项目目标后,在重复使用运载器研制领域中该何去何从。同年11月,欧空局部长级会议批准在欧洲重复使用轨道验证机项目下开始研制IXV的后继型。该项目的目标是研制小型轨道系统,即创新型空间飞行器ISV。ISV将在IXV的基础上,增加机翼、V尾、有效载荷舱、太阳能电池阵和起落架等结构,该飞行器具有高机动性和可控性,能够离轨并滑行返回地面,在传统跑道上执行安全、精确的着陆操作,能够提供多用途货仓,以便集成多种模块化有效载荷以实现多任务目标。图13-1示出了ISV飞行器的概念图。ISV飞行器将是完全或部分可重复使用的,飞行器的设计目标是实现执行3~5次的飞行任务。

图13-1 PRIDE-ISV概念图

PRIDE项目将在所有飞行条件下验证系统和技术性能,为未来自主空间探索的新方案铺平道路,并为未来民用运输系统提供技术储备。ISV的轨道任务将包括所有LEO的轨道高度和倾角,Vega 火箭的性能可完成发射操作任务。近来在欧洲空间研究与技术中心(ESTEC)并行开展的研究中,确定了数个飞行器备选的有效载荷(重量约 300kg),轨道高度 500km、倾角 37°～52°,PRIDE-ISV 具备在轨运行最长 2 个月。图 13 - 2 示出了 PRIDE-ISV 空间操作想定图。

图 13 - 2　PRIDE-ISV 任务示意图

13.2　欧洲的其他重复使用飞行器发展项目

13.2.1　USV3

2013 年初,意大利航空航天研究中心(CIRA)宣布基于 EXPERT 和 IXV 项目开展无人空间飞行器 3(USV3)项目的研究,并在任务和系统级层面上取得了可行性研究成果。2012 年 7 月英国反作用发动机有限公司宣布成功地完成了佩刀(SABRE)发动机关键组件的第二轮试验,本次试验标志着"云霄塔"项目取得了重大进展。2014 年 6 月,英国再次披露"云霄塔"(SKYLON)方案,并将其列入国家空间技术规划。

USV3 是 CIRA 在国家航天计划框架下开展的研究项目,飞行器方案继承于意大利曾开展的 USV 项目,以及欧空局开展的 EXPERT 和 IXV 项目。现阶段定义的飞行器布局是一个结构相对简单的再入滑翔机,但它具有可操作系统的全部特征。USV3 项目的目标是完全掌握并提升欧洲在关键的大气再入领域(从 LEO 到传统跑道)的专业技术。图 13 -3示出了 USV3 飞行器的方案设计图。

USV3 计划由 Vega 火箭送入 300km 高的近地轨道,围绕地球公转数圈后,执行自动的再入飞行,从高超声速到亚声速域的自动飞行,执行末端能量管理后在常规跑道上执行进场和着陆操作。

USV3 项目近期设定的研制路线是将其融入到 ISV 项目中,如图 13 - 4 所示。当前 USV3 项目的重点是研制出轨道飞行原型机,并将其作为系统验证机验证迄今为止研制的技术和再入技术领域内的专项技术。系统验证机将执行部分轨道操作,自动再入大气层并着陆于传统跑道上。计划将在为期 5 年的时间框架内完成。

13.2.2　SKYLON

SKYLON 是英国反作用喷气发动机有限公司(REL)研制超过 20 年的一种采用涡轮

图 13 – 3　USV3 方案设计图

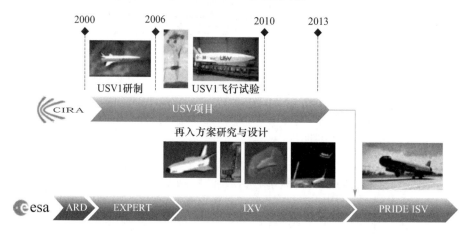

图 13 – 4　USV3 项目路线图

火箭发动机提供动力的水平起降、单级入轨可重复使用运载器。类似于飞机,它可从跑道上起飞、入轨,在返回再入大气层之前执行如发射卫星、向空间站运送成员或供应品等任务,而后滑翔返回并利用自身的起落架着陆于传统跑道上。SKYLON 项目的主要目标是降低进入空间的成本,将近地轨道的发射成本降至 \$1000/kg。SKYLON 项目最终将研制出一架使用寿命达 200 次的运载器,发射失败概率为 1%,损毁概率为 0.005%,从接收到发射指令到执行任务的时间少于 5 天。图 13 – 5 示出了当前完成设计的 SKYLON D1 型。运载器由细长机身(包含推进剂储箱和有效载荷舱)、前置翼面、沿机身大约位于中部的一对三角翼和尾翼组成,如图 13 – 5 所示。发动机安装在翼尖上的弧形轴对称发动机舱内。大气层内飞行时,运载器的俯仰控制由前置翼面来实现,滚转操作由副翼实现,运载器后部安装的全动尾翼执行偏航操作。

　　SKYLON D1 构型安装有 4 台 SABRE 4 发动机,该发动机能够操作在吸气模式和纯火箭模式下。利用工作在吸气模式下的发动机,SKYLON 能够从延长的跑道上起飞,加速到马赫数 5.14,高度 28.5km,而后发动机转换到纯火箭模式下,飞行器爬升至 LEO。一旦在轨完成有效载荷部署和操作,SKYLON 将返回地球,再入大气层并滑翔着陆于跑道上。

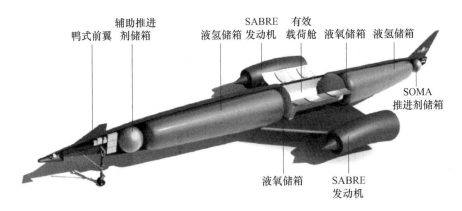

图 13-5 SKYLON 布局

2012 年 11 月完成了第三轮试验,在不到 0.01s 内将常温来流空气冷却至 -150℃,而且未出现结霜阻塞现象,验证了在 -150℃ 关键温度点的无霜预冷技术,标志该发动机技术取得重大突破。2013 年春,SKYLON 项目已进入 SABRE 发动机技术验证项目的第三阶段,主要开展的研究工作包括:SABRE4 设计达到系统设计要求评审水平、降低预冷器管路成本,以及深入研究微管道制造技术、燃烧室技术、高度补偿喷管、亚声速条件下进气道和超声速条件下的进气道等。2013 年 7 月,英国政府宣布投资 6000 万英镑推动 SABRE 发动机的研制。

SKYLON 运载器不仅能够廉价、可靠、高效率地将有效载荷送入空间轨道,还能满足日益增长的商业发射需求。但 SKYLON 运载器技术复杂,研制受资金、技术、试验条件、国家政策等多种因素的制约,其能否成功研制还有待于开展的各项地面与飞行试验的证明。客观地说,决定 SKYLON 项目成败的 SABRE 发动机目前还处于地面试验阶段,发动机系统距离试飞还有很长一段路要走。

13.3 欧洲重复使用运载器发展特点

1. 重复使用运载器的方案和技术研究由一味追求先进转而发展成渐进式研究

欧洲在重复使用运载器的研制过程中曾因追求方案和技术的先进性而导致计划拖延、方案废弃、资金巨额浪费的后果,如早期的"使神号""森格尔"方案等。从而使欧洲认识到重复使用技术难度巨大,不应该过早地追求过于复杂的方案。总体发展目标必须与关键技术的发展水平相适应。目标制定得太高,指标太先进就会增加关键技术的难度和数量,也难以降低成本和提高可靠性,并且直接影响目标的可实现性。应采用循序渐进的发展模式,积累技术成果,由相对简单的方案起步,进而再研制更为先进的重复使用运载器。

2. 不以军事目的为主导,强调技术推动并满足商业需求

在重复使用运载器的研制上,世界各国都不可避免地受到美国的影响。欧洲在借鉴美国重复使用运载器研制的经验和教训的同时,提出了欧洲研制的重复使用运载器首先要满足欧洲国家的需要,同时还要保持欧洲在国际商业发射市场的竞争力,因而在这一点

上同美国的以军事需求为目的研制重复使用运载器截然不同。欧洲强调技术推动,以期增强在未来国际商业发射市场上的竞争力。

3. 重视关键技术突破,坚持项目的继承性

在技术研制方面注重关键技术突破。欧洲在重复使用运载器的研制过程中,对关键技术的研究从未中止过,而且还进行了大量的研究和试验,为欧洲重复使用运载器的研制奠定了坚实的基础,今后还将开展更多的技术开发活动和试验。IXV 项目充分吸收和借鉴了此前欧洲开展的重复使用技术验证项目(如 EXPERT 等)的经验教训,并为欧洲后续开展的欧洲重复使用轨道验证机(或 PRIDE)项目奠定技术基础。

4. 飞行演示验证先行

为开展重复使用运载器的研究,欧洲研制了多种飞行验证机来检验总体方案和关键技术。在重复使用运载器几十年的研制历程中,欧洲逐渐认识到重复使用运载器的技术难度极大,耗资巨大,短期内无法研制成功。因此首先研制验证飞行器,并开展飞行演示验证,研制出了无机动能力再入飞行器——EXPERT 飞行器以研究再入气动热力学;研制采用升力体构形 IXV 以验证其高超声速的无动力机动再入飞行的能力;研制 USV3 以验证确保应用于未来重复使用运载器的技术,增强人们对关于大气再入、高超声速飞行和系统重复使用性等技术的理解。这一切工作都是为将来研制重复使用运载器做好准备。

5. 坚持项目的继承性、技术的延续性、风险的可控性

在重复使用运载器的研制中,欧洲充分吸收和借鉴世界各国以往研究项目的成果和经验教训。IXV 便是在 ARD 项目成功进行飞行验证后开展的研制项目,以积累欧洲研制升力与气动控制的再入飞行器的经验。所谓欧洲过渡性试验飞行器,便是其前有 ARD、EXPERT 项目,其后有欧洲可重复使用轨道验证机(PRIDE)项目,作为欧洲第 1 架在系统级层面上设计的升力体再入飞行器,IXV 吸取了此前 ARD 的经验,并将为其后开展的PRIDE 项目提供技术支撑,确保项目的顺利进行。欧空局计划在 2020 年前后发射基于IXV 研制的、与美国 X-37B 飞行器类似的小型无人航天飞机。

6. 聚焦欧洲在研项目的同时积极扶持欧洲国家开展的研究项目

欧空局在集中欧洲各国技术优势开展如 EXPERT 和 IXV 等技术验证项目的同时,还大力扶持认为有发展前途的欧洲国家开展的重复使用运载器研制项目,如欧空局曾先后于 2009 年和 2013 年宣布向英国研制的 SKYLON 项目投资 100 万欧元和 6000 万英镑以推动该项目瓶颈技术预冷器的攻关,鼓励欧洲各国开展重复使用运载器技术的研制,积极推动在欧洲层面和欧洲国家层面的重复使用运载器技术进步,确保欧洲在未来先进航天运输领域内占有一席之地。